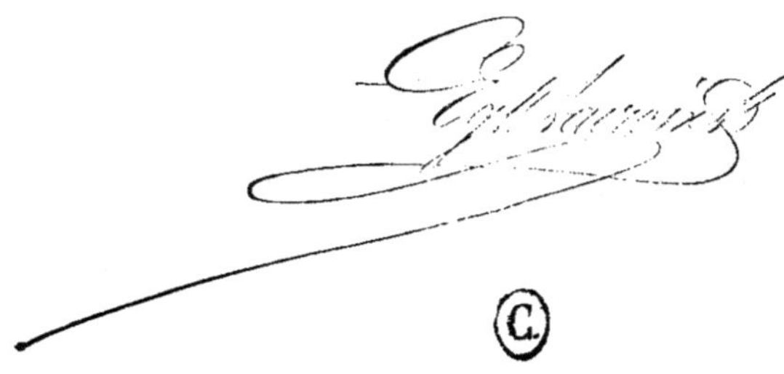

Imprimerie Polytechnique de E. Lacroix, à Saint-Nicolas-Varangéville (Meurthe).

PUBLICATIONS SCIENTIFIQUES-INDUSTRIELLES DE E. LACROIX

ÉTUDES PRATIQUES ET THÉORIQUES

SUR

LES CHARRUES

PAR

J. GRANVOINNET

Professeur à Grignon

PARIS

LIBRAIRIE SCIENTIFIQUE, INDUSTRIELLE ET AGRICOLE

Eugène LACROIX, Imprimeur-Éditeur

Libraire de la Société des Ingénieurs civils de France, de celle des anciens Élèves des Écoles d'Arts
et Métiers, de la Société des Conducteurs
des Ponts et Chaussées, de MM. les Mécaniciens de la Marine, etc., etc.

54, rue des Saints-Pères, 54

IMPRIMERIE A SAINT-NICOLAS-VARANGÉVILLE (MEURTHE)

ÉTUDES PRATIQUES ET THÉORIQUES

SUR

LES CHARRUES

LES CHARRUES, PAR GRANDVOINNET.

Légendes des planches I et II.

Pl. I, fig. 1. Charrue Grosley : A, élévation; B, plan. — Fig. 2. Charrue
d'Amelix. — Fig. 3. Charrue d'Odeurs. — 3 *bis*. Plan du régulateur. —
Fig. 4. Charrue de M. Delstanche. — 4 *bis*. Régulateur de largeur. — Fig. 5. Charrue
Barett Erall. — Fig. 6. Charrue Brabançonne. — Fig. 7. Araire du Languedoc : A, Élévation; B, Plan'; C, vue en dessus du cep. —Fig. 8. Charrue de Garett. — Fig. 9. Charrue américaine. — Fig. 10. Charrue de Thaer : A, élévation ; B, plan; C. vis de règlement du cep; D, profil du versoir. — Fig. 11. Araire antique du Languedoc : A, élévation; B, plan.

Pl. II, fig. 1. Charrue Grosley. — A, B, C, détails du soc, du régulateur, de la pointe
et du coutre : A, Elévation ; B, plan; C, profil de la pointe; D, E, F. Détails du régulateur. D, vue du bout de la boîte; E, corps de la boîte en fonte ; E, couvercle en coupe
G, profil en coupe du versoir ;

Fig. 2. Différents modèles de charrues américaines ; A, Dernier modèle ; B, 2ᵉ modèle;
C, 3ᵉ modèle; *a, b, c, d*, détails.

Fig. 3. Ancienne charrue de Small; A, élévation du côté de la muraille; B, élévation
du côté du versoir.

Fig. 4. Charrue du genre américain. Fig. 5 et 6. Détails.

Fig. 7. Charrue de l'Institut agricole d'Altona (Suède).

Fig. 8. Charrue de Grosley. Règlement de la hauteur du mancheron.

Classification des charrues. — Pour labourer un champ, deux procédés
bien distincts sont employés : 1° le champ est divisé en planches ou billons
plus ou moins larges ; chacune de ces parties est labourée par une charrue
ne versant que d'un côté, et marchant, en tournant toujours dans le même
sens, autour de l'axe de la planche ou du billon, ou autour d'une des
raies qui séparent les planches et que l'on nomme parfois dérayures; 2° le
labour commence sur un des côtés du champ, et continue, tranche par
tranche, quelle que soit la largeur du champ jusqu'au côté opposé ; la charrue doit alors verser alternativement à sa droite en allant, et puis à sa
gauche en revenant, ce qui revient à verser toujours du même côté du
champ. Ces charrues versant des deux côtés sont ordinairement nommées
charrues tourne-oreille, bien que ce nom ne convienne en réalité qu'aux
anciennes charrues de ce groupe.

Une troisième classe de charrues peut être distinguée des deux premières,
c'est celle des charrues destinées à des travaux spéciaux.

1ʳᵉ CLASSE. — CHARRUES POUR LABOUR ORDINAIRE.

Ces charrues peuvent ne verser qu'une bande à la fois, ou en verser plusieurs : et, dans chacun de ces genres, la charrue peut-être destinée à des

premiers labours, labours de déchaumages : 1° *superficiels,* pour retourner une prairie, déchaumer ou parer, la bande n'ayant que 9 à 12 centimètres de profondeur environ; 2° *moyens,* pour retourner les éteules ou des chaumes, la profondeur atteinte pouvant être de 15 à 20 centimètres ; 3° *profonds,* pour enfouir du fumier, un engrais vert, etc., la bande ayant de 25 à 30 centimètres de profondeur et plus à la rigueur.

Ces trois espèces du premier genre ne devant que découper la terre et la retourner, sans la pousser ou la soulever sensiblement. Dans chacune des espèces, il peut y avoir autant de variétés que de natures de sol que nous supposerons réduites à trois : sols *légers, moyens* et *tenaces.*

Le deuxième sous-genre comprend les charrues destinées aux seconds labours, ou labour d'ameublissement immédiat. Les espèces et variétés seront déterminées de la même façon que dans le premier sous-genre ; dans ce genre de charrue, on peut obtenir de bons effets du soulèvement de la terre par le versoir, mais cette manière de procéder n'est pourtant pas obligatoire : elle est particulière aux charrues appelées Ruchaldo employées dans plusieurs parties de l'Allemagne et de l'Autriche, etc.

Charrues polysocs : elles ne diffèrent des charrues précédentes que par le nombre de tranches qu'elles peuvent détacher et retourner d'une fois, et la classification se fait par conséquent suivant les mêmes caractéristiques.

2ᵉ CLASSE. — Charrues tourne-oreille.

Il est clair encore ici que la classification doit suivre la même marche. Mais dans chaque variété de ces charrues, il y aura évidemment un classement suivant le principe de changement adopté pour effectuer le renversement de la bande, alternativement de chaque côté de la charrue.

3ᵉ CLASSE. — Charrues spéciales.

1° *Pour défricher* : suivant qu'il s'agit de défricher des terres marécageuses, tourbeuses, des landes ou bruyères ou des terres précédemment boisées, on aura deux espèces de charrues ; s'il s'agit *d'écobuer* ou de peler le sol, en le découpant en tranches minces, on a une troisième espèce dite charrues écobueuses, *Paring-ploughs,* qui bien souvent perdent en grande partie l'apparence extérieure d'une charrue.

Le défoncement du sol à une profondeur dépassant 30 centimètres, ne pouvant être fait que difficilement d'un seul coup dans certains sols, on est entraîné à faire des charrues défonceuses, enlevant une certaine épaisseur de sol au fond de la raie ouverte par une charrue ordinaire. Cette espèce de charrue est de l'invention de M. Bonnet et sert surtout dans la culture de la garance et pour ouvrir des fossés ; si le sous-sol est stérile, on le remue seulement au fond de la raie à l'aide de charrues sous-sols, ou fouilleuses.

Une autre espèce de charrue est destinée à faire des rigoles dans les prairies ; elle est désignée ordinairement par le nom de charrue *rigoleuse.*

Enfin, une dernière espèce de charrue se répand quelque peu depuis plusieurs années, c'est la charrue à arracher les pommes de terre : on en a essayé aussi pour les betteraves, etc.

Le tableau suivant donne du reste une indication nette des diverses espèces
de charrues que l'on peut rencontrer.

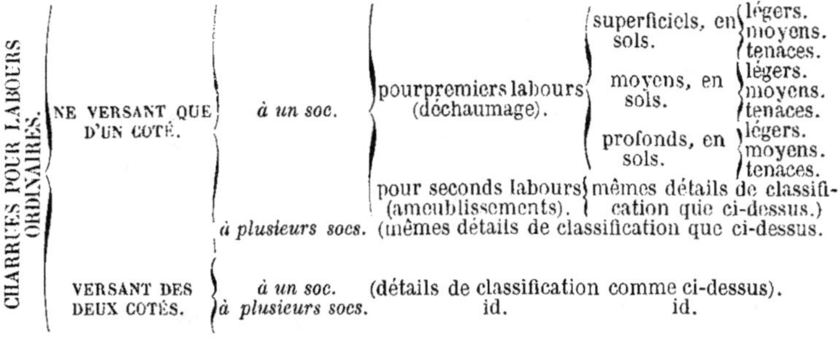

Il est facile de comprendre que chacune de ces charrues peut être sans aucun support extérieur (roue ou patin) ou au contraire munie d'un sabot, d'une
roue, de deux roues, ou d'un avant-train.

Nous avons déjà discuté [1] les avantages et les inconvénients respectifs des
supports et des avant-trains. *(Encyclopédie de l'agriculteur*, 2ᶜ et 4ᵉ *vol.)*
N'ayant actuellement rien à changer aux conséquences de cette discussion,
nous ne la transcrirons pas ici. De nouveaux essais pourraient seuls nous
engager à refaire ce travail.

Charrues à tous labours. — L'étude des diverses pièces dont se compose
une charrue, prouve implicitement l'impossibilité d'établir un instrument de
ce genre parfaitement propre à tous labours, c'est-à-dire marchant bien dans
tous les sols et à toutes les profondeurs.

En ce qui a trait aux pièces de *tranchement, coutre et soc*, il y a peu de
différence, suivant la nature du sol et la profondeur ; cependant il convient
par exemple que ces pièces soient d'autant plus tranchantes que la terre est
plus tenace et homogène et le labour plus superficiel, et comme en sols pierreux ou durcis, les pièces très-tranchantes seraient promptement hors d'u-
sage, ces derniers cas exigent des socs et des coutres à tranchant quelque
peu émoussé.

La génération du versoir dépend essentiellement de la largeur et de la
profondeur du labour ; et la longueur de cette pièce dépend de la nature et
de l'état du sol ; il n'est donc pas possible de faire un versoir propre à
toutes les terres et à toutes les profondeurs ou largeurs de labour.

---

[1] Nous renvoyons nos lecteurs, pour plus de renseignements, aux deux ouvrages
précédemment publiés par M. Grandvoinnet, *Le Génie rural*, 1 vol. grand in-8°, avec
atlas de 40 planches. Paris, 1867, Librairie Lacroix, prix 15 fr. et la *Machinerie agricole
à l'Exposition de 1867*, qui fait suite au premier ouvrage, 1 vol. grand in-8°, accompagné de fig. et de 16 pl., 14 fr.

Les pièces de règlement n'ont pas à satisfaire à des conditions particulières suivant la profondeur du labour et la nature du sol. Toutefois, il convient que le régulateur d'une charrue destinée à tous les labours ait une grande amplitude en hauteur et largeur, que le soc et le coutre puissent être réglés pour donner plus ou moins de *trempage* et de *rivotage*, etc.

Les pièces de liaison et d'assemblage d'une charrue à tous labours doivent être calculées pour le cas du labour le plus profond, dans le sol le plus difficile. La charrue à tous labours sera donc trop lourde dans la presque généralité des cas, d'où résulte une augmentation de traction, perte sensible pour le cultivateur.

De l'aperçu précédent, il résulte qu'une charrue à tous labours doit satisfaire aux conditions suivantes :

1° Le coutre ne doit pas être très-tranchant.

2° Le soc doit être assez plat sans présenter un tranchant vif. Il convient mieux de réserver les socs neufs à tranchant bien vif pour les premiers labours dans les prairies et les sols compacts ; et les socs à demi usés pour les terrains durcis et pierreux avec adjonction au besoin d'une pointe mobile, avançant beaucoup pour donner de la stabilité à l'instrument, déterrer les pierres et faire fendre le sol durci.

3° Le versoir doit être formé de génératrices ayant des directions moyennes entre celles d'un versoir destiné au labour le plus profond et le plus large, et d'un versoir fait pour la plus petite profondeur et la moindre largeur. On obtient ainsi un versoir en génératrices de direction moyenne, un peu concave à leur partie inférieure et un peu convexe à leur partie supérieure. La bande renversée n'est poussée que par une portion de chaque génératrice et le versoir alors ne convient parfaitement bien à aucun labour. Il est plus rationnel de disposer la charrue à tous labours, de façon telle que des versoirs, de formes et de natures différentes, puissent y être adaptés suivant la nature et l'état du sol, et la profondeur ou largeur du labour.

4° Le régulateur des charrues à tous labours doit être, en même temps, précis et de grande amplitude dans les deux sens. D'après ce que nous avons dit, c'est une condition à laquelle il est facile de satisfaire.

Nous n'acceptons donc les charrues à tous labours que pour les petites et moyennes exploitations, ou avec la condition, *sine qua non*, qu'elles seront munies de versoirs de rechange en fonte et en bois, de soc neufs ou usés, faciles à monter et démonter et de pointes mobiles.

Cela dit, nous allons examiner les types des diverses charrues employées jusqu'à présent, et qui toutes ou presque toutes sont données par leurs fabricants ou leurs inventeurs comme charrues propres à tous labours.

Araires traditionnels. — Les araires employés dans le Midi de la France, dérivent des araires grecs ou romains qui, du reste, avaient de nombreux points de ressemblance : les colons grecs ou romains ont apporté leur instrument de labour en Provence, en Dauphiné, dans le Languedoc, etc. et les araires se font encore là, suivant la tradition, sans que l'on puisse trouver de différence essentielle entre les araires actuels et leurs anciens types. Toutefois, les détails de construction diffèrent suivant les lieux. Nous ne donnons ici que l'araire languedocien (fig. 11, pl. I). Voici la description qu'en a donné il y a plus de trente ans, M. le premier président Séguier, ancien membre de la Société centrale d'agriculture.

« L'araire en usage sur les bords de l'Hérault (en Languedoc), est certainement l'un des instruments aratoires les plus simples et probablement l'un des plus anciens. On y retrouve la forme, les pièces et le nom des parties de l'araire décrit par Hésiode et Virgile.

« Cet instrument, apporté sans doute autrefois par les colonies grecques qui fondèrent Agde (Ἀγάθη, la bonne ou la belle) et adopté par la nation indigène, aura pu recevoir de proche en proche quelques modifications selon la nature du terrain [1], mais l'habitude et l'amour-propre des nouveaux venus, auront sans doute maintenus chez eux l'araire dans sa première forme et simplicité. Il est à propos d'avoir sous les yeux les vers 427 et suivants des *Travaux et Jours* d'Hésiode, et ceux 169 et suivants du premier livre des *Géorgiques* de Virgile.

« En même temps, examinons en détail l'araire Agathois, on y reconnaît :

« 1° Une pièce de bois courbée naturellement, ou au feu AB (fig. 11 pl. I) appelée *basse* dans l'idiome du pays, et qui correspond à la *bura* ou *buris* de Virgile, à ἔλυμα d'Hésiode. Elle est de bois dur, ordinairement d'orme, et a quatre pieds de long.

« 2° Une pièce droite BC *temo*, ἱστοβοεύς, en patois *candelle*, de bois de hêtre, et longue de huit pieds : elle est ajustée à la basse par des chevilles et des liens. Hésiode rapporte que les charrons d'Athènes excellaient dans cet ajustement

« 3° Un manche coudé D, dit *estève*, du latin *stiva*, en grec ἐχέτλη, de frêne, de laurier dans Hésiode, tel que la main du laboureur repose sur son extrémité et puisse appuyer dessus, ou le soulever au besoin.

« 4° Un soc de bois K, un *dental*, du latin *dentale*, en grec γύης, espèce de semelle triangulaire, tronquée d'un bout, aiguë de l'autre, ayant en dessous une arête, un dos, *dorsum*, et doublé par dessus d'un autre *dental* de fer, qui semble ainsi réaliser le *duplex dorsum* du poète latin. Le dental est toujours du bois le plus dur, d'yeuse.

« 5° Deux oreilles JJ, *binæ aures* dans Virgile, omises dans Hésiode, nommées à Agde, *espandi doures*, parce qu'elles épanchent la terre soulevée par le dental.

« Voilà les cinq principales pièces de l'araire antique.

« Restent des pièces d'assemblage, telles que deux tirants de fer E appelés *tendilles* passant de la *basse* au *dental* pour les réunir et *tendues* au moyen d'un coin de bois I, qui est comme la clef de l'instrument. Ce coin introduit de force dans une mortaise et une rainure pratiquée au talon de la basse, au-dessous de l'estève, au-dessus du double dental, c'est-à-dire entre l'une et l'autre, tient l'araire assemblé, *monté*, comme on dit : en le retirant, tout est disloqué.

« Cet instrument primitif de labour, formé des mêmes bois et dans les mêmes proportions que celui des Géorgiques, tellement simple que le labou-

---

[1] Le même araire, qui est d'un seul morceau dans la plaine, est ployant au timon dans la montagne.

reur ou son valet le met en état de service journalier, a subi plus tard une variation. On a substitué aux deux oreilles un versoir nommé *mousse*. A cet effet, le dental a été entr'ouvert, et a reçu, sur une de ses branches, une espèce d'aile de bois de hêtre qui, au lieu d'écarter des deux côtés la terre, comme font les oreilles, la renverse d'un seul côté sens dessus dessous. En même temps, un coutre de fer (*coutel*) a été suspendu au milieu de la basse, en avant du *dental*.

« L'araire au dental [1] évidemment l'aîné de l'araire à la mousse, est employé dans toute espèce de sol, de préférence dans les terres superficielles ou pierreuses, et toujours pour couvrir les semences. Le second est appliqué avec succès aux sols profonds, et seulement pour les premiers labours. Il paraîtrait d'ailleurs que, du temps d'Hésiode, l'araire n'avait pas encore les oreilles ajoutées plus tard ; et cette addition si utile n'avait pas fait abandonner du temps de Palladius, l'araire d'origine, puisqu'il distingue l'*aratrum simplex* et l'*auritum*, ce dernier étant propre aux pays plats et humides. Ainsi marchent les choses : l'araire *à la mousse* ne semble-t-il pas être, à l'égard de celui au dental, ce qu'a été l'*aratrum auritum*, après le simplex ? »

Avec les araires sans versoir, on ne remue que la moitié de la surface en faisant des sillons parallèles et non contigus, ce qui force à labourer plusieurs fois avec cet instrument les deux sens du champ pour avoir l'équivalent d'un labour fait avec une charrue ordinaire, aussi l'addition du versoir (fig. 7, pl. 1) constitue la première amélioration à faire aux araires méridionaux que l'on ne peut espérer remplacer brusquement par les araires perfectionnés. C'est pourquoi nous donnons le dessin d'un araire amélioré du Midi où il ne manque, pour être capable d'un très-bon travail, qu'une lame de soc. L'age AB de cet araire est d'une seule pièce : il est percé à l'arrière d'une grande mortaise dans laquelle entre l'extrémité antérieure du mancheron, la queue d'une espèce de dental F contre lequel est assemblé le versoir, ou la *mousse*, ou l'oreille H. Le versoir est doublé à sa partie basse antérieure d'une lame de fer qui devrait être prolongée en soc : une pointe DD fait fonction de soc : le coin H, comme dans l'araire précédent, fixe le mancheron, le dental et la pointe dans la mortaise de l'age. Les tendilles G sont ici des boulons avec écrou à oreilles qui, avec le coin, permettent de faire varier l'angle que fait l'age avec le sep : ce qui permet de régler l'entrure.

De cet araire aux araires perfectionnés, il n'y a plus qu'un pas, c'est l'adoption d'un versoir bien fait et d'un soc tranchant. Et c'est le vieil araire à support du Brabant qui nous offre le premier cette disposition dans les charrues modernes.

Araire brabrançon à support de Schwertz. — Dans la planche 2 de l'atlas de notre mécanique agricole, nous avons représenté, dans tous ses détails, cet araire, levé par nous sur un spécimen sorti probablement des anciens ateliers de Hohenheim. Tout en bois et fer, la construction en est, à ce point de vue, très-remarquable. L'age est droit et horizontal ; il porte trois mor-

---

[1] Dérivé du mot *dent* parce qu'il mord la terre.

taises, l'une pour le passage du manche du sabot, la seconde pour le coutre et la troisième pour l'étançon unique. Il se termine par un fort tenon passant dans une mortaise du mancheron, et y est retenu par deux clavettes ou chevilles en bois, en avant de chaque mortaise, l'age est entouré d'un lien de fer qui s'oppose à ce que cette pièce en bois se fende. Le soc est un triangle rectangle irrégulier fixé sur la partie antérieure du sep par un boulon et sur le bas de l'étançon de la même façon. Le versoir recouvre une grande partie du soc et s'y fixe par une pièce terminée en bas par un crochet entrant dans un trou percé à l'avant du soc près de sa pointe ; à l'arrière, le versoir est fixé par une tringle qui s'accroche contre la face droite du bas du mancheron formant l'étançon d'arrière.

Cette charrue, ou du moins la charrue brabançonne ancienne, a servi de modèle à Small, dont la charrue est devenue le type des charrues écossaises, d'où dérivent très-indirectement, il est vrai, les charrues américaines et anglaises actuelles.

Les défauts de cette charrue type sont la trop grande surface du soc, l'absence d'un régulateur de profondeur, et le peu d'étendue du régulateur de la largeur.

Le sep est en bois garni de fer, au talon et sur la face latérale. Le versoir est peut-être le premier bon versoir que l'on ait eu : bien que d'une forme empyrique, il ne s'éloigne pas beaucoup de la génération hélicoïdale : la partie antérieure est selon nous sensiblement trop courte. Le grand nombre de mortaises qui *affament* l'age, force à faire cette pièce de dimensions considérables.

Les charrues actuelles du Brabant ressemblent en principe à la précédente : elles sont toutefois plus ramassées, l'age plus court, s'abaisse quelquefois un peu à l'avant. Le soc est excessivement grand, car il comprend presque tout entière la partie antérieure du versoir. Les réparations du soc sont ainsi plus faciles. Un des meilleurs modèles, est celui de M. Delstanche (fig. 4, pl. I). Comme presque toutes les bonnes charrues belges actuelles, la charrue Delstanche porte un pelloir d'assez fortes dimensions A : le coutre est en forme de faucille. L'avant de l'age porte un régulateur de largeur et de hauteur.

La charrue d'Odeurs est une des meilleures charrues belges (fig. 3, pl. I). Elle est munie d'un régulateur à crans, très-étendu en largeur, mais un peu restreint en hauteur. La traction s'opère sur l'étançon, par l'intermédiaire d'une tringle placée en dessous de l'age : cette charrue est surtout particulièrement courte.

Les versoirs bien contournés sont en fer forgé : Dans la presque généralité des charrues belges, la fonte de fer n'est pas employée. Cela tient sans doute à des habitudes de petits ateliers et au désir de rendre possible partout toutes les réparations.

L'institut agricole de Hohenheim, tout en conservant en principe la disposition d'ensemble du vieux Brabant dans ses modèles A, B, C et D, a perfectionné l'ancienne charrue de Schwertz. Le modèle A est sensiblement le vieux Brabant ; le modèle D, dont nous donnons le levé exact (fig. 6, pl. I) s'en éloigne davantage. Le corps de charrue, soc et versoir, est celui de Dombasle.

Le coutre à manche un peu courbe est d'une forme intermédiaire, entre le coutre ordinaire et le coutre en faucille des charrues belges : il est fixé sur l'age par un étrier américain semblable à celui importé en France, par M. Parquin et dont les branches s'appuient sur deux plaques de fonte dentées. Le sabot et le régulateur n'ont pas été modifiés. L'absence de régulateur pour la hauteur et la faible étendue de celui employé pour la largeur est le défaut principal de cette charrue, dont la construction est très-remarquable.

Araires dérivant du vieux Brabant.

1ᵉʳ GROUPE. — *Charrues modernes.* — La charrue Dombasle a eu pour type l'araire brabançon et les modèles successifs de cette charrue, si l'espace nous permettait de les donner ici, montreraient bien les diverses phases de transformation, qui ont fait de la charrue du Brabant, l'araire de Dombasle, si différent du type qui a servi de point de départ.

Le corps de la charrue Dombasle est adopté en France, par un très-gran*d* nombre de constructeurs, sans modifications sensibles. Telle qu'elle est, la charrue Dombasle est une excellente charrue, bien que plusieurs améliorations récentes de détails n'aient pas été adoptées par la fabrique de Nancy.

L'ancienne coutrière force à percer l'age et à diminuer sa force en un point où sa résistance doit être considérable : l'étrier américain serait préférable. Le régulateur à crémaillère est peu précis, et comme nous l'avons vu, il en est un très-grand nombre de préférables. Mais, dans ses dispositions d'ensemble, l'araire Dombasle est le type de la plupart des araires français actuels.

La charrue de Grignon, dont nous avons donné le dessin dans nombre d'autres articles, dérive de l'araire de Dombasle. Le versoir diffère sensiblement sans être meilleur. La fabrique de Grignon a adopté depuis quelques temps l'étrier américain et un régulateur tournant, dont nous avons parlé précédemment.

Les charrues de M. Bodin sont aussi, à proprement dire, des charrues Dombasle, d'une excellente construction.

La charrue Parquin procède de la charrue Dombasle dans ses formes et dimensions générales, mais elle présente quelques modifications heureuses ; le régulateur n'est pas très-précis, mais il est plus étendu que le régulateur en T ou à crémaillère. Le coutre est fixé sur l'age par un étrier américain, permettant trois inclinaisons différentes ; le coutre peut aussi être mis plus ou moins près de la pointe du soc : cette possibilité de réglement de la position du coutre est avantageuse ; si la terre est sale, un coutre vertical convient mieux : en terre dure, le tranchant peu incliné vaut mieux. Le soc est très-aigu et assez plat, par suite très-tranchant. Le versoir d'une génération particulière que nous n'approuvons pas, est toutefois bien nageant et ne s'éloigne pas trop de ce qu'il doit être pour une charrue à tous labours. M. Parquin fait avec raison des versoirs en fonte et en bois ; ces derniers sont destinés aux terres collantes.

Cette charrue peut fonctionner comme araire simple, et c'est ainsi que nous l'avons représentée en plan dans l'atlas de notre *Mécanique agricole ;*

ou bien, elle est supportée à l'avant par un avant-train à rouelles de moyennes grandeur ; cet avant-train se compose de deux pièces de bois embrassant l'age dans la partie arrondie, vue en plan : ces deux pièces peuvent être plus ou moins élevées à l'aide de vis de pression ou de rappel. L'age peut tourner transversalement entre les deux pièces de l'avant-train qui le serrent et par conséquent, le laboureur peut braquer sa charrue à droite ou à gauche, lorsqu'il veut redresser sa raie. L'exécution de cette charrue est remarquable : si elle ne satisfait pas à toutes les conditions que nous avons indiquées, elle peut cependant être mise au nombre des bonnes charrues dites à tous labours.

La charrue Armelin (fig. 2, pl. I), procède encore de Dombasle dans ses dispositions d'ensemble et dans ses formes générales : la différence principale consiste dans l'addition d'une barre mobile passant dans des mortaises en *queue d'hironde* ménagées sur les étançons et sur l'avant-corps. Cette barre est retenue par deux coins : elle forme, suivant l'expression pittoresque de M. Jourdier, le *réservoir alimentaire* de la pointe du soc qui, formant l'avant-garde du système tranchant horizontal, reçoit, la première, les réactions des obstacles et par suite s'émousse et s'use très-promptement, surtout dans les socs durs, caillouteux ou graveleux. Cette barre en fer aciéré ou trempé s'avance au fur et à mesure de l'usure de sa partie antérieure formant la pointe du soc. Comme elle est inclinée sur l'horizon et plonge, sa partie antérieure s'use en dessous et reste toujours aiguë en forme de bec de clarinette. Cette pointe mobile se retrouve dans plusieurs autres charrues : les charrues Rouquet, Bouscasse, Aycard, Parquin, etc. M. Armelin s'est en outre ingénié pour remplacer toutes les vis par des coins : le coutre est serré dans la coutrière par un coin ; le versoir et le soc sont fixés sur l'avant-corps par des coins, etc. Cette sainte horreur des vis est partagée par un grand nombre de cultivateurs, et elle est toute naturelle quand il s'agit des vis faites par la plupart des petits ou moyens constructeurs, avec des fers de médiocre qualité et à la main. Ces vis peu régulières, à filets bavocheux, notablement inclinés, sont en outre munies d'écrous peu épais, carrés et mal taillés, dont les hélices intérieures ne correspondent pas aux filets de la vis. Aussi, ne peut-on serrer les vis qu'en employant de très-grands et très-variables efforts ; tantôt la vis ronge l'écrou, tantôt ce dernier coule sur des filets incomplets. La plupart des laboureurs oublient que toutes les parties mobiles d'une machine doivent être tenues constamment bien graissées et que toutes les vis sont dans ce cas. Rien n'est plus facile que de tenir une vis en bon état d'entretien, et alors les prétendus défauts de la vis sont nuls et ses avantages sur le coin ressortent dans toute leur force : 1° la pression de la vis est continue, sans choc, tandis que le coin ne pressant que par choc, il y a de grandes chances de rupture pour les pièces en fonte, versoir et avant-corps, coutrière et étançon ; 2° la pression de la vis est beaucoup plus étendue et extrêmement intense. En voulant simplifier la charrue, M. Armelin l'a réellement compliquée dans sa construction, et la charrue Dombasle adoptée comme point de départ n'est nullement inférieure à l'exception de la pointe, qui paraît, du reste, antérieure à l'apparition de la charrue Armelin.

2ᵉ Groupe. — *Charrues écossaises du genre Small.* — Bien que Small se soit inspiré de la charrue de Rotheram, dérivant de l'araire brabançon à support, ce célèbre constructeur tenant compte de la nature des terres et du genre de labours de son pays, a fait une charrue très-différente de son modèle et qui, à son tour, a servi de type à toutes les charrues écossaises et même indirectement aux charrues anglaises actuelles.

La première charrue de Small, assez bien décrite et représentée pour être reproduite ici est vue sous toutes ses faces (fig. 3, pl. II). Le côté de la muraille (3) est complétement fermé depuis le sep jusqu'à l'age, par trois pièces de fer. La pièce inférieure est repliée en dessous, pour former la semelle de sep. Elle est assemblée comme les deux pièces supérieures, à l'arrière, sur le mancheron gauche et, à l'avant, sur l'étançon d'avant en fonte, et sur le soc dont la souche à demi fermée est très-allongée. L'étançon d'avant passe dans une mortaise de l'age et y est retenu par un seul boulon. L'extrémité de l'age est amincie en forme de tenon et passe dans une mortaise du mancheron gauche et y est chevillée. Le coutre passe aussi dans une mortaise de l'age et y est fixé à la hauteur et à l'inclinaison voulue, par des coins. Un étrier à vis de rappel G retient le coutre et l'empêche de céder en arrière. Le régulateur se compose d'un étrier, dont la traverse horizontale porte sept trous, où l'on peut fixer le porte-crochet y ; les deux branches verticales de l'étrier sont percées chacune de trois trous, ce qui permet de prendre trois profondeurs différentes. Cet étrier est relié par une chaine, au point d'attache k, placé sous l'age : amélioration due à Small, et qu'il avait trouvée peut-être dans de vieilles charrues à roues. Le régulateur qui peut osciller autour de la cheville horizontale, qui le suspend à l'age est tenu plus ou moins incliné à l'arrière ou à l'avant, suivant que la chaine s'accroche en k par le premier, le second ou le troisième anneau, ce qui donne un moyen de règlement de la hauteur complémentaire du régulateur, et donne à volonté plus de précision ou d'amplitude. Le soc étroit caractérise aussi la charrue Small et toutes les charrues écossaises, ses dérivées. Cela tient plus aux habitudes culturales du pays, qu'à la difficulté de faire un soc large, qui ait une faible inclinaison ; mais les deux raisons ont de l'influence. Nous avons fait ressortir précédemment l'inconvénient des socs trop étroits. Dans le modèle de charrue Small, que nous donnons ici, ce défaut n'est pas très-sensible, car le soc a 0ᵐ,178 de largeur, pour un écartement de 0ᵐ,229 au bas du versoir à l'arrière. Toutefois, il existe et c'est un inconvénient sensible, au point de vue de l'économie de traction. La Commission d'agriculture de la Société des arts de Londres, a fait jadis un essai direct, avec une charrue de Rotheram, munie successivement d'un soc de 0ᵐ,127 et d'un autre de 0ᵐ,203 de largeur, pour ouvrir un sillon de 0ᵐ,254 sur 0ᵐ,152 de profondeur. Avec le soc le plus étroit, la charrue exigeait un effort moteur de 279ᵏ,3, tandis qu'avec le soc presqu'aussi large que la bande à retourner, la traction nécessaire était réduite à 253ᵏ,9.

Le fer et la fonte s'employant davantage dans les instruments aratoires, les charrues de Small se firent bientôt tout en fer et fonte, comme l'indique la planche 4 de notre *Mécanique agricole*. Le coutre a une forme plus rationnelle ; le soc est encore plus étroit, le versoir a conservé la même courbure (courbure étudiée à l'article versoir); le régulateur est établi sur un

principe différent, et la chaîne de traction passant sous l'age a été suppri-
mée. Ces modifications de détails n'ont pas ôté à la charrue son caractère
typique. Ses qualités propres sont d'être : 1° propre à des labours de dimensions assez différentes ; 2° d'une construction bien entendue ; 3° facile à tenir
en raie. Ses défauts sont : d'être lourde en traction, ce qui est dû : au règlement du soc et du coutre ayant trop *d'embéchage* et de rivotage lorsque
l'on suit les règles de Small ; à un versoir trop court brisant la bande ; à un
soc trop étroit pour les labours larges ; le régulateur a une amplitude à peu
près suffisante ; mais il n'est pas suffisamment précis. Cette charrue est, suivant nous, inférieure en tous points à l'araire Dombasle et aux charrues
anglaises actuelles à support.

Araire de Wilkie. — Cet araire employé dans le Lanarkshire, en Ecosse, et
dû à un constructeur célèbre, dérive de la précédente, mais présente des
modifications assez importantes et caractéristiques. La fonte y est peu employée. Les deux étançons en fer sont soudés à l'age et fixés en bas par des
boulons sur une pièce horizontale solidaire avec le sep et sur la face latérale
de ce sep lui-même. Le soc est au moins aussi étroit que celui de Small ; et
il se termine par une pointe plate analogue au fer d'un ciseau de menuisier ;
le versoir a des génératrices transversales très-sensiblement convexes ; c'est
à-dire, que ce versoir est convexe transversalement, et en outre il écarte la
bande de quelques centimètres. Ce corps de charrue est considéré comme
très-convenable pour les labours en terres argileuses, et les retournements
de prés. Le régulateur est assez peu étendu en hauteur et en largeur et il
manque de précision ; il a été précédemment décrit et figuré. Les mancherons
sont tout particulièrement bien placés, l'homme peut marcher au milieu de la
raie ouverte et se guider sur l'age pour marcher droit. Les qualités et les dé
fauts de cette charrue sont ceux de la charrue Small. La convexité du versoir
est peut-être avantageuse en terre collante, mais elle est mal étudiée et le versoir n'est pas suffisamment long : cette charrue prend une bande trapézoïdale ; la plus forte épaisseur du labour étant à la pointe ou du côté de la muraille.

Araire de Currie (mid-Lothian). — Cette charrue est, comme celle de Small,
considérée comme propre à tous labours et surtout au retournement des
prés. La bande que cet araire retourne est un peu trapézoïdale. Le soc est
étroit, et porte une longue pointe plate, le coutre est bien fait et bien placé.
Le versoir se rapproche beaucoup du versoir de Small : il est toutefois mieux fait
à la partie antérieure, la terre y coule, mais en s'y tordant progressivement.
Le mancheron gauche est placé plus près de l'axe de l'age que dans la précédente charrue et plus loin que dans l'araire Small, il occupe la meilleure
position possible. Le mancheron droit est avec raison réuni à l'age par une
barre entretoise empêchant l'ensemble des manches de fléchir, lorsqu'on exerce
un effort considérable pour déplacer la charrue. Le régulateur est beaucoup
plus étendu en hauteur que ceux des précédentes charrues. Nous considé-
rons cette charrue comme la meilleure des charrues écossaises. Le soc coupe
environ les trois quarts de la largeur de la bande. Les dispositions d'ensemble de cette charrue doivent être prises en grande considération.

Araire canadien. — Cette charrue exposée en 1855 à Paris, ressemble beaucoup à la charrue de Wilkie. Le versoir est tout particulièrement convexe transversalement. Le régulateur est à double vis, et par suite très-précis. Il a d'ailleurs suffisamment d'amplitude. Tout dans cette charrue est bien construit. On ne peut que blâmer la trop forte convexité du versoir.

Charrues américaines. — Les premières charrues employées aux États-Unis, provenaient sans doute des vieilles charrues anglaises, et l'on pourrait retrouver la trace des diverses importations faites par les colons. Cette étude, si l'espace nous permettait de la faire, ne serait pas sans intérêt : nous dirons seulement quelques mots des meilleures charrues américaines actuelles. La fig. 2, pl. II représente trois modèles différents de la fabrique de MM. Ruggles, Nourse et Mason ; ces modèles conviennent aux diverses natures de sols ou aux divers modes de labourage.

Le premier modèle A, se compose d'un age en bois à double courbure élégante, dont l'extrémité postérieure est amincie en forme de tenon et s'assemble dans une mortaise du mancheron gauche. Le corps de charrue est en fonte et d'une seule pièce ; il porte à l'arrière et en bas, une emboîture dans laquelle se loge la partie inférieure du mancheron gauche, qui y est fixée par un ou deux boulons ; le haut du corps est fixé par un seul boulon à l'age en son point le plus élevé. Le mancheron droit est boulonné sur l'arrière du versoir ; et les deux manches sont rendus solidaires par une entretoise en bois, à tirant extérieur *e*, en fer. L'avant de l'age porte un régulateur tournant dit à cadran, et dont nous avons précédemment donné la description. La tringle de traction prend son point d'attache sur l'age à l'arrière du coutre, par l'intermédiaire d'un anneau portant parfois trois encoches servant à modifier la direction de la tringle suivant les exigences. Ce système de régulateur ayant une grande amplitude, augmentée encore par l'arrière régulateur du point d'attache, on peut régler la charrue de façon à labourer très-près des haies ou des fossés, et même faire marcher les chevaux sur le sol non labouré, quand par force on doit la labourer en terre un peu humide. L'avant de l'age est porté par une roue bien disposée et qui peut être retenue à la hauteur voulue par une simple vis de pression. Bien que ces dispositions soient déjà caractéristiques, celles des parties tranchantes le sont encore plus.

On peut adapter à ces charrues trois espèces de coutres : 1° un coutre ordinaire en fer forgé à tranchant d'acier (fig. 2, A, pl. II). Il est assemblé par un coin en fer, dans une mortaise de l'age, ou, ce qui est préférable, retenu par un étrier américain ;

2° Un *couteau* (fig. 2, B, pl. II), fait d'acier ou de fonte et adhérant au soc même, ou à une pièce *d*, qui protége la partie aiguë du versoir sur la gorge, *c* représente cette pièce avec le couteau.

3° Un *coutre fermé* (fig. 2, C, pl. II), qui du bas s'assemble sur le soc, et du haut par une partie filetée, se fixe dans l'age même. Ce coutre est forcément en fer à tranchant d'acier bien coupant : il convient surtout dans les défrichements où il ne peut être faussé, soit par les racines soit par les pierres.

Le soc est fait : 1° d'une seule pièce en forme de trapèze, un peu prolongé en courbe sur la gorge où le versoir s'use le plus ; 2° le soc est fait de deux pièces, la pointe (*a*) et l'aile (*b*). Fig. 9 et 10

La pointe est simplement une barre d'acier forgé d'environ 0^m,51 de longueur : elle est placée sur la face de la muraille ou elle s'élève en arrière, de manière que l'avant plonge d'une certaine quantité : un simple boulon retient cette barre contre le corps de charrue. Au fur et à mesure de l'usure de cette pointe, on la pousse en avant et elle se raccourcit en s'usant en bec de clarinette, et par conséquent en s'aiguisant constamment. Au besoin, on peut la retourner sens dessus dessous. Quand l'un des bouts de cette pointe est usé d'environ 13 centimètres, on la retourne bout pour bout, et elle recommence un nouveau service de 13 centimètres d'usure, elle est ensuite hors de service et n'a plus qu'une longueur de 25 centimètres.

L'aile du soc est un trapèze à grande base convexe, et parfaitement symétrique de façon à pouvoir être retourné suivant l'usure et servir ainsi le plus longtemps possible.

Quant au mode de fixation de ce soc à pointe, il est très-simple (fig. 2,B, pl. II) : la pointe *a* se loge d'abord dans une dépression du corps de charrue, on place ensuite la pièce *c* portant son *couteau*, puis le soc est placé, il entre dans la rainure latérale de la pièce *c* et par suite lorsque les deux petits boulons du soc sont placés et serrés, ils tiennent aussi la pièce *c* et le couteau, ainsi que la pointe retenue d'ailleurs par un petit boulon.

Ces charrues sont d'une exécution très-remarquable. Des machines-outils spéciales font elles-mêmes les pièces en bois, de sorte que celles-ci sont constamment de la même forme et des mêmes dimensions. Toutes les charrues du même modèle pourraient être placées dans un même moule : elles sont très-faciles à démonter et remonter et même il faut reconnaître que cette qualité a fait mettre de côté quelques conditions accessoires. Le corps de charrue étant d'une seule pièce, s'il casse en quelque point, tout est hors de service , nous préférerions un étançon, sur lequel se fixeraient un *sep* et un *versoir*, et ce dernier lui-même porterait au bas une pièce détachée, facile à remplacer lorsque le bord inférieur du versoir est usé.

Malgré cette critique, les charrues américaines offrent d'excellents modèles d'ensemble et de détails. L'Ancien-Monde n'a pas généralement d'aussi bonnes charrues que les États-Unis. Nous devons au Neuveau-Monde le petit soc trapézoïdal, l'étrier américain et plusieurs dispositions de régulateur. Les innovations sont plus promptement appréciées et adoptées dans une société nouvelle que dans un vieux monde où toutes les carrières sont obstruées de vieux rouages sans action pour le bien, mais empêchant tout progrès par leur inertie.

Nous ne connaissons en France que quelques personnes qui aient essayé d'importer ces charrues américaines. Il faut citer en première ligne M. Hallié de Bordeaux, qui a fait de grands efforts pour introduire et propager de bons modèles de machines agricoles.

L'Allemagne, comme la France, se sert de charrues à roues, pour la plupart, et de modèles ne présentant pas un assez grand intérêt pour s'y arrêter dans un article dont nous sommes forcé de resserrer de plus en plus les limites. Nous donnerons seulement la charrue de l'Institut agricole de Mœglin. Cet araire (fig. 10, pl. I) paraît dériver de la vieille charrue Small, importée par Thaër. Les modifications sont tellement importantes, que cette charrue forme pour ainsi dire un type. Nos figures sont à l'échelle et assez détaillées pour être comprises.

Le coutre est droit et a conservé, à très-peu près, la forme de celui de la charrue Small ; mais il est fixé sur l'age par un étrier américain très-simple, formé d'un seul cadre embrassant l'age et le manche du coutre. Une vis presse le manche contre l'age ; on peut bien avancer plus ou moins le coutre, mais non faire varier son inclinaison. La disposition de l'étrier Parquin est préférable.

Le soc est en fer et se fixe par un boulon sur l'avant-corps : il est d'abord très-plat, puis se raccorde un peu brusquement avec le versoir : il est retourné contre la muraille sur une largeur de quatre centimètres. Cette forme du soc donne une très-grande stabilité à la charrue en terre ordinaire ; elle n'a peut-être pas d'inconvénient dans le sol léger de Mœglin ; mais en terre résistante, cette charrue pique trop · elle fut très-mal notée aux essais de 1855 à Trappes ; essais faits, du reste, un peu à la légère.

Le versoir présente une courbure particulière dont nous donnons la forme à part : cette pièce pousse la terre après l'avoir fait mousser un peu sur l'avant. Cette forme ne nous satisfait point ; mais l'autorité du nom de Thaër ne nous permet pas de supposer que cette forme ait été donnée au hasard ; elle convient sans doute au sol léger de l'exploitation, qui ne peut être retourné sans être soulevé brusquement d'abord, et dans lequel la raie ne peut être nette si la partie postérieure du versoir ne pousse pas fortement la terre contre la raie précédemment rangée. Le versoir est muni en dessous, d'une pièce facile à remplacer, lorsqu'elle est usée par le frottement.

Le sep présente une disposition heureuse : il peut tourner autour d'un boulon à sa partie antérieure, de sorte qu'au fur et à mesure de l'usure, l'arrière du sep peut être abaissé. On voit en C la vis qui permet de pousser ou d'attirer en haut le sep : un coin peut être employé pour soulager la vis sur laquelle la réaction de la terre dirigée de bas en haut, porterait tout entière.

L'age et les mancherons rappellent ceux de l'ancienne charrue Small dans leur disposition d'ensemble. Le régulateur n'est pas assez étendu en hauteur : il ne permet pas de prendre une faible profondeur. Ce régulateur ressemble à celui de la charrue Small, du dernier modèle donné précédemment.

La charrue Hallié (fig. 9, pl. I) est du genre des charrues américaines précédemment décrites; seulement, le coutre est retenu par un étrier et il n'y a qu'un seul mancheron comme dans les charrues belges, la bride à laquelle s'accroche la chaîne de traction, est placée à l'arrière de l'étançon et porte trois crans pour servir à régler très-large ou très-étroit.

On trouve en Danemark, des charrues à roues à avant-train très-simples et assez peu dignes d'intérêt ; mais, l'exposition internationale de Paris, en 1855, présentait plusieurs charrues de très-bonne exécution sorties des usines royales de Frederikwærk, et des ateliers de M. Andersen. Une planche de notre *Génie rural*, représente une de ces charrues : elle paraît dériver d'après sa disposition d'ensemble de la charrue de Small, et d'autres charrues écossaises.

Le coutre passe dans une mortaise de l'age, et y est retenu à la hauteur et suivant l'inclinaison voulue, par trois coins (les charrues de l'usine royale ont des coutrières à vis plus précises). Le soc trapézoïdal est très-plat près du tranchant et se relève assez brusquement, ce qui est un petit défaut, pour se raccorder avec le versoir : ce soc est très-aigu et ne porte point de pointe distincte.

Le versoir a été examiné précédemment par nous ; il comprime trop la bande en la couchant et présente une courbure trop raide dans sa partie moyenne.

Le régulateur a une grande amplitude en hauteur et en largeur : il rappelle le premier régulateur de Small, mais il est préférable. La chaîne de traction permet de préciser le règlement en hauteur ; en effet, suivant l'anneau accroché en-dessous de l'age, on attire plus ou moins en arrière la plaque inférieure du régulateur, ce qui donne un peu de profondeur, ou en ôte.

La construction de cette charrue est très-remarquable ; mais à l'user, elle nous a paru exiger un peu de traction ; le coutre n'est pas assez tranchant et le versoir un peu trop court dans sa partie antérieure.

L'exposition suédoise de 1855 présentait, outre une charrue à avant-train du pays, à soc en fer de lance et à chevilles formant deux versoirs, des charrues d'une belle construction, imitées de charrues américaines et anglaises. Ces charrues étaient envoyées par l'institut agricole d'*Ultuna*, et par MM. Th. Bergelin, Vahrendorff, etc.

La fig. 4, pl. II, représente une des charrues de M. Th. Bergelin. C'est une imitation des belles charrues américaines dont nous avons parlé précédemment. Le régulateur est à trous, suivant un arc de cercle pour la largeur, et à crans sur une droite verticale pour la hauteur. Le système tranchant est disposé d'une manière très-ingénieuse. La pointe du soc est plate, et en forme de coin symétrique : elle est double, mais les deux moitiés formant chacune un coin, ont l'arête de leurs coins perpendiculaires l'une sur l'autre, de sorte que l'arête antérieure A étant horizontale (fig. 5 et 6, pl .II), l'arête de l'autre extrémité B est verticale. On place d'abord cette pointe dans un creux du corps à l'avant, la moitié de la pointe placée ainsi de *chan*, fait l'effet d'une tête de boulon et empêche tout mouvement dans le plan horizontal d'arrière en avant ; la moitié antérieure de la pointe formant coin horizontal, empêche par ses rebords, tout mouvement dans le sens contraire ou d'avant en arrière ; le seul mouvement possible à cette pointe serait donc de bas en haut ; pour l'empêcher, on pose le soc, petit trapèze recto-curviligne et son bord de gauche pénètre dans une rainure ménagée contre la face latérale de la pointe ; par-dessus le soc, on place une pièce convexe horizontale portant le coutre *self-cleaning*, dont le flanc d'arrière entre dans une rainure à queue d'*hironde* ménagée dans la muraille ; enfin un seul boulon qui traverse la pièce portant le coutre et le corps relie ensemble et parfaitement le coutre, le soc et sa pointe. Nous n'avons nul besoin d'insister sur les avantages que présente cette disposition.

La fig. 3, pl. II, représente le corps d'une charrue de l'institut agricole d'*Ultuna*. Le corps en fonte se prolonge en avant, au col de cygne et se termine par une coutrière ; c'est une simplification de montage ; mais si quelque chose casse dans le corps, il faut remplacer le tout ; à l'arrière, le corps porte une emboîture dans laquelle se boulonne le mancheron gauche ; le sep se fixe en-dessous du corps, par une saillie latérale que porte le sep, avec un seul boulon, et, au versoir, par l'intermédiaire d'une entretoise et d'un boulon. Le soc est très-aigu, très-long et très-plat ; le coutre présente la forme ordinaire ; le versoir est d'abord très-plat, puis un peu roide dans son contournement. Les manches en bois sont longs.

Bien que l'Angleterre se serve encore de charrues à avant-train proprement dit, telles que les charrues du Norfolk, et autres, elles tendent à être remplacées par les charrues plus rationnelles à une ou deux roues supports, intermédiaire entre les araires purs et les charrues à avant-train. Un grand nombre de constructeurs, stimulés par les nombreux concours des Sociétés agricoles, ont porté la construction des charrues anglaises nouvelles à un si haut point de perfection, que l'on ne voit pas trop ce que l'on pourrait désirer de plus. Nous ne pouvons, à notre grand regret, que donner une description succincte des charrues anglaises modernes les plus remarquables, sans montrer leur dérivation des anciennes charrues du pays.

La charrue de Ransomes est, dans son ensemble, le plus beau spécimen de charrue que nous ayions rencontré. La construction est très-remarquable ; chaque pièce est faite avec la précision et l'élégance auxquelles les grands ateliers bien outillés peuvent seuls atteindre.

Il y a plus de *vingt* sortes de versoirs pour cette charrue, calculés pour s'adapter aux diverses espèces de sols, aux diverses façons et aux divers modes de labourage : elle peut marcher en araire simple, avec une roue ou avec deux roues.

Les pièces travaillantes, soc, coutre et versoir, sont faites suivant les principes détaillés par nous, dans la première partie de cet article. Nous ne pouvons guère reprocher qu'un raccordement un peu long, entre le soc et le versoir qui allonge inutilement celui-ci ; une prolongation un peu exagérée de la partie postérieure du versoir. Les socs, généralement faits en fonte sont à souche, faciles à poser et à démonter, à tranchant s'aiguisant par l'usage comme nous l'avons vu ; mais, ces socs une fois usés au tranchant, doivent être mis au rebut, ce qui occasionne une perte de matière plus considérable que les socs trapézoïdaux.

La charrue Ransomes est une charrue complète, pouvant au besoin fonctionner comme araire ; elle est tout entière en fer et fonte à l'exception des poignées des mancherons ; son age est un peu cintré et ses versoirs en général beaucoup plus longs que ceux des charrues françaises. Ils sont très-sensiblement hélicoïdaux, avec des raccordements de longueur un peu trop grande sur le soc et à l'extrémité postérieure. Cette charrue est stable, sans être lourde à traîner et à diriger.

Le coutre est fixé dans une pièce de fonte, une coutrière, établie de telle manière que l'on peut tourner le tranchant vers la droite ou vers la gauche, à volonté et l'incliner plus ou moins dans une certaine limite, par rapport à l'horizon. nous avons décrit précédemment cette coutrière avec des détails suffisants : nous n'y reviendrons donc pas.

Le soc est le plus souvent en fonte, il est fondu d'après le procédé que nous avons indiqué et par suite, il s'aiguise en s'usant. Ce soc est à douille et dans quelques modèles il est muni d'un cou qui permet de le faire plonger ou riveter plus ou moins, suivant le besoin et l'état d'usure.

Un *pelloir* est placé en avant du soc ; il sert pour les labours en terre enherbées, il peut être placé plus ou moins haut et retenu à la hauteur voulue par un simple coin ; son versoir est contourné de façon à pousser fortement la petite bande enlevée par son petit soc, qui est en acier.

L'avant de l'age est porté par deux roues, l'une d'un petit diamètre porte sur la terre ferme un peu à gauche de la coupure que fera le coutre ; la seconde d'un diamètre presque double porte au fond de la raie à une distance de la pointe du soc égale à la largeur du labour ; et elle peut être plus ou moins écartée en glissant sur son essieu. Les deux roues peuvent séparément être placées plus ou moins en avant (entre certaines limites) ou en arrière, suivant le besoin de stabilité. Le tirage ayant lieu directement sur l'age, l'accroissement de traction dû au frottement de ces deux roues est assez faible, car il n'a lieu qu'en raison du faible poids supporté par ces roues, et non pas en vertu d'une composante verticale de la traction totale, ce qui proviendrait d'un mauvais règlement ; la position de ces roues peut être déterminée de telle façon qu'elles tournent pour ainsi dire à vide, sans presser sensiblement ; on peut aussi enlever ces roues et se servir de l'instrument comme d'un araire : elles ont pour effet de diminuer la fatigue du laboureur, en augmentant la stabilité de la charrue, en *limitant* surtout la profondeur et les écarts sans empêcher complétement le soc de dépiquer ; deux décrottoirs tiennent leurs jantes constamment propres, pour éviter l'augmentation de résistance due à l'adhérence en terres collantes.

Le *régulateur* est une bride ou anneau oblong horizontal, garni d'un assez grand nombre de crans de règlement pour la largeur. Cet anneau tout entier tourne autour d'un boulon horizontal, et peut être arrêté, plus ou moins haut, à l'aide d'une cheville placée dans l'un des sept trous d'un arc en fer vertical, qui termine l'age en avant : une contre-fiche bien placée permet de faire l'anneau du régulateur en même temps léger et solide.

Le *versoir*, autant qu'il est possible de juger d'une pièce courbe sans la relever exactement, est hélicoïdal, mais avec des raccordements empyriques à l'avant et à l'arrière, ayant pour but de rendre progressive, à l'avant, la torsion de la terre, torsion qui se continue ensuite uniformément ; puis la détorsion a lieu progressivement à la fin du versoir. Ces deux raccordements nous ont paru un peu trop prolongés.

Au bas de la partie postérieure du versoir et posant sur le fond de la raie ouverte, est fixée, par deux boulons, une pièce mobile, une espèce de talon, nettoyant bien le fond de la raie. Lorsque cette partie mobile est usée, elle est remplacée à très-peu de frais, et le versoir entier peut presqu'indéfiniment conserver sa force primitive.

Le *sep* a la forme d'une cornière : il est en fonte et assez large pour que la terre ne soit pas pénétrée par la pression naturelle du poids de la charrue et la réaction de la bande à renverser : il est fixé par trois boulons au corps en fonte de la charrue.

L'*age* est en fer et formé de deux légères barres de fer plat d'égale largeur et épaisseur. Pour satisfaire à la solidité, en même temps qu'à la légèreté, ces deux barres, soudées en une seule à la partie antérieure, se séparent derrière les roues et s'écartent de plus en plus, jusqu'à une espèce de *pommeau* en fonte, qui termine le corps de charrue à l'avant, à la partie supérieure de la gorge, où les deux moitiés de l'age se rejoignent. La coutrière se loge dans cette rainure de l'age ainsi qu'une boîte en fonte portant le *pelloir*, et ces deux pièces forment ce qu'on appelle des *entretoises* : le tout forme un age *armée*, ou en trousse, très-léger et en même temps très-solide que les efforts latéraux ou verticaux ne peuvent déformer.

Le corps de la charrue est en fonte, plein, et fixé entre les deux branches de l'age par trois boulons.

Le mancheron gauche forme le prolongement de la lame droite de l'age et est réuni par deux boulons, à ce dernier et fixé au second mancheron par trois longs boulons cintrés, à embase, formant entretoises ; et près des poignées, par un contre-fort demi-circulaire. Cette charrue a été primée un très-grand nombre de fois en Angleterre. (Nous avons donné le modèle de 1855, dans une planche de notre *Mécanique agricole*.)

La charrue de Howard. — Cet instrument jouit en Angleterre d'une immense réputation ; dans les concours, elle a nombre de fois obtenu le premier prix, qui lui est souvent disputé et enlevé parfois par la charrue Ransomes. Ces deux charrues ont du reste, comme qualités d'ensemble, une remarquable similitude : leurs détails diffèrent, il est vrai, et, parfois, très-sensiblement ; mais les pièces importantes sont, dans ces deux instruments, établies sur des principes très-peu différents.

Les parties différant le plus sont : 1° l'age, plus courbé dans la charrue Howard et plus élevé à l'avant, ce qui permet d'adopter des roues un peu plus grandes ; 2° le régulateur est plus étendu et plus précis en largeur que celui de Ransomes et c'est une qualité importante ; pour la largeur, c'est un arc double en épaisseur et percé de deux lignes circulaires de trous ; pour la hauteur, c'est une tringle glissante que l'on peut arrêter à la hauteur voulue par une vis de pression. Cette tringle est armée de petits crans pour l'empêcher de se déranger après le serrage ; la traction se fait sur l'age, en arrière du soc, par l'intermédiaire d'une tringle de traction, ce qui est aussi un avantage dans la plupart des cas.

Les détails donnés précédemment sur le versoir et la coutrière Howard, nous dispensent d'une plus longue description. (Nous avons donné le modèle de 1855 dans notre *Mécanique agricole* et dans notre *Génie rural.*)

La charrue Hornsby a dernièrement été très-remarquée en Angleterre : elle présente dans son ensemble de grandes analogies avec les deux précédentes. Seulement le versoir est convexe transversalement, et l'age peut être tourné transversalement, c'est-à-dire braqué dans une boîte qui le porte au-dessus des roues. Nous avons donné le détail du soc, du coutre et du règlement de ces deux pièces de la charrue Hornsby.

En opposition à cette dernière charrue, nous donnons la belle charrue de Barrett (fig. 5, pl. I), dont le versoir est un peu concave transversalement. On reconnaît encore ici les bonnes dispositions de l'ensemble de la charrue Howard.

La charrue de Barrett (fig. 8, pl. I), a l'age et les mancherons en bois. Un régulateur à crémaillère verticale pour la hauteur et à boite circulaire percée de trous pour la largeur : ce régulateur est assez étendu et moins précis toutefois que celui de Howard.

Le versoir ressemble fort à celui de la charrue précédente. Le coutre peut être réglé de position en deux sens. L'avant de l'age est supporté par une seule roue : elle est très-bien construite et ne paraît pécher que dans la partie antérieure de son *versoir*.

L'Italie se sert encore beaucoup d'araires imités des anciennes charrues grecques ou romaines. Cependant depuis *quelques années*, les charrues perfectionnées y ont été introduites.

M. l'abbé Lambruschini a, le premier, proposé le versoir hélicoïdal dans toute son étendue, en admettant, sans démonstration positive, que cette forme exige la moindre dépense de force. La charrue exposée en 1855, à Paris, par M. l'abbé Lambruschini, s'éloigne peu dans ses dispositions générales de celle représentée par la planche 11 de notre *Mécanique agricole*, et qui sort, croyons-nous, des ateliers du général Sambuy. Notre dessin est fait d'après un levé détaillé d'une ancienne charrue faisant partie de la collection d'anciens instruments de l'École de Grignon.

Le coutre à manche vertical présente un tranchant droit incliné d'un peu plus de 62 degrés sur l'horizon : il est fixé par un seul coin dans une coutrière ordinaire à mortaise. Ce coutre ne peut donc être réglé dans ses diverses inclinaisons.

Le soc, usé lors du levé fait par nous, est un trapèze irrégulier assemblé, sur l'avant élargi du sep, par deux boulons, dont les écrous sont placés en dessous. Ce soc est assez plat et sa face supérieure présente une inclinaison douce et progressive, se raccordant parfaitement avec le versoir. Le versoir paraît être, dans toute son étendue, de forme hélicoïdale pure, tel que celui recommandé par Lambruschini : sa partie postérieure est donc défectueuse.

L'age présente une forme courbe très-rationnelle, le point le plus haut de cette courbe étant précisément au-dessus du coutre et cette courbure pouvant être assez sensible sans que la résistance puisse en souffrir beaucoup, et pouvant au besoin être donnée à du bois de droit fil, sans qu'il en résulte pour celui-ci l'inconvénient ordinaire de la courbure artificielle, c'est-à-dire la compression exagérée des fibres ligneuses placées à l'intrados.

Le régulateur déjà examiné par nous, est simple et suffisamment étendu : s'il manque de la précision que nous demandons à cette pièce, c'est un défaut commun à la plupart des anciens régulateurs.

Le sep et l'étançon antérieur sont en fonte et d'une seule pièce, sur l'avant de laquelle se fixe le soc et le versoir. L'étançon d'avant est réuni à l'age par un tenon à embase et un boulon d'une part et par une espèce d'étançon postérieur en bois, incliné à 45 degrés sur l'horizon et allant de l'étançon antérieur à l'arrière de l'age qui y est assemblé à tenon ; l'ensemble de ces trois pièces, l'age et les deux étançons forment un triangle, figure de forme invariable. Les mancherons fixés en même temps sur l'age et l'étançon d'arrière, aident encore au précédent assemblage.

Il manque à cette charrue qui pouvait, il y a quelques années, être considérée comme une des bonnes charrues, un talon de sep mobile, une solide entretoise pour les manches, une coutrière à règlements et une partie postérieure convenable pour le versoir. Par contre, plusieurs de ses parties peuvent servir de modèle.

La charrue Grosley fils (fig. 1, pl. I, et fig. 1 et 8, pl. II) est une des rares charrues françaises originales récentes. Établie par un ancien directeur de l'atelier de construction d'instruments aratoires de Grignon, ayant profité des exhibitions de 1851 et 1855, cet instrument présente un ensemble original, quoique formé pour ainsi dire de l'imitation des meilleures parties des bonnes charrues françaises et étrangères. Il manque à cette charrue la consécration de la pratique, qui, sans doute, y ferait reconnaître le besoin de quelques améliorations.

Les pièces travaillantes de la charrue sont portées par un cadre trapézoïdal en fonte à nervures, remplaçant les étançons et le sep, et dont le côté antérieur courbe, forme la gorge de la charrue. La base supérieure de ce trapèze est creuse dans toute sa longueur et se termine à l'avant par une tête de de lion au travers laquelle passe la partie postérieure de l'age, qui se prolonge jusqu'au delà de l'extrémité de cette espèce de longue douille horizontale et y est retenue par un coin oblique contre l'arc denté B, solidaire avec les mancherons auxquels il sert d'entretoise.

En **D**, ce cadre reçoit un talon de sep imité de celui de la charrue de Grignon, et retenu par un simple coin (imitation des procédés de **M. Armelin**), ce talon peut être abaissé plus ou moins et en même temps, il saille proportionnellement plus ou moins vers la gauche.

A l'avant, la partie inférieure du cadre ou le sep se termine par une pointe conique analogue à une fusée d'essieu, et ayant aussi deux inclinaisons, l'une *plongeante*, l'autre *rivotante*. Cette fusée du sep a deux portées ou *saillies tournées*, sur lesquelles s'emboîtent exactement une pointe de soc isolée, en fonte, qui comme la fusée *plonge et rivote*.

Cette pointe de soc d'une forme particulière suffisamment indiquée dans nos figures de détails à l'échelle A, B, C, reçoit :

1° Sur sa face verticale gauche, un coutre mince en acier, qui est simplement passé dans une mortaise verticale dont la section horizontale est en forme de queue d'*hironde*.

2° Sur sa face opposée une rainure longitudinale et horizontale, dans laquelle s'emboîte le côté gauche du soc trapézoïdal, en fonte à tranchant durci.

Le soc ainsi emboîté dans la pointe mobile s'accroche par son arrière, terminé en crochet, à une saillie que porte le versoir sur sa face inférieure.

Le versoir porte aussi en dessous, à sa partie la plus antérieure, un mamelon cylindro-conique qui entre dans un trou correspondant de l'avant du sep.

Le versoir ainsi placé, son mamelon pénètre dans le trou du sep.

Le soc accroché en dessous au versoir et pénétrant dans la rainure latérale de la pointe du soc déjà placée sur la fusée du sep, et portant le coutre en acier, on enfonce dans cette pointe de soc, et au travers le coutre, une simple goupille à tête fraisée qui seule retient solidement l'ensemble des quatre pièces (pointe, soc, coutre et versoir). Cette goupille ôtée, tout tombe, ou peut tomber. L'extrémité de la goupille porte une mortaise destinée à recevoir une petite clavette fendue pour empêcher la goupille de tomber.

Ce mode d'assemblage est extrêmement ingénieux, mais sa perfection, même comme assemblage, entraîne des inconvénients au point de vue de la forme des pièces assemblées.

1° On ne peut déplacer une des pièces sans risquer de les déplacer toutes, et il faut au laboureur une certaine habileté pour remonter seul cet ensemble.

2° La pointe du soc faite forcément en fonte, à bords durcis, est forcément assez *grosse*, et par suite exige une forte part de la traction pour pénétrer dans le sol.

3° Le soc étant accroché en dessous du versoir, la surface de ce dernier ne coïncide pas exactement avec celle du soc ; il fait une saillie défavorable au passage de la charrue dans la terre.

4° Le coutre doit forcément être fixé sur la pointe du soc, ce qui ne convient que dans le cas de terre assez facile et sale, ou pour des labours en terre couverte de fumier.

Ces inconvénients n'ont pas une importance extrême, car le constructeur est parvenu à faire un soc mince en fonte, à tranchant s'aiguisant de lui-même par l'usure ; et l'ajustage des diverses pièces, est aussi parfait que possible. Cependant, en examinant bien, on trouve quelque chose de défectueux : le soc et sa pointe sont trop raides, ce qui a une grande influence sur la traction exigée par la charrue. Nous n'avons pas besoin de faire remarquer que cet arrangement de la pointe du soc et du coutre est une imitation des charrues américaines précédemment examinées.

Le versoir de la charrue Grosley est, comme nous l'avons vu, fixé à l'avant par un simple mamelon entrant dans un trou cylindrique ménagé dans l'avant du sep ; la goupille fixant la pointe du soc et le soc passe sur la fusée du sep dans une encoche faite *ad hoc* et empêchant tout mouvement de ces pièces dans le sens longitudinal ; cette goupille passant sous l'aile du soc, presse celui-ci contre le bord supérieur de la rainure latérale de la pointe du soc, de sorte que le soc est réellement fixe de haut en bas : comme il est à l'arrière, accroché à une saillie du versoir, cette dernière pièce est elle-même fixée dans le même sens et par le mamelon qui le fixe dans le sep ; il ne peut que tourner autour du centre de ce mamelon, en entraînant avec lui le soc dans une certaine limite. On peut donc ouvrir plus ou moins le versoir retenu à l'arrière par deux entretoises dont l'extrémité porte une saillie qui entre dans l'un des trous ménagés dans des prolongements latéraux de l'étançon d'arrière. Ces entretoises en fer mince aciéré forment ressort ; on peut donc sortir facilement la saillie qui les termine, pour régler à volonté l'écartement du versoir à l'arrière.

Cette disposition est une imitation de ce qui se fait d'une autre façon dans quelques charrues belges.

Le versoir, comme l'indiquent les diverses vues de la charrue, le profil surtout G, ressemble à une surface hélicoïdale à génératrices légèrement concaves. La forte inclinaison du soc et de sa pointe rend ce versoir trop *raide* à l'avant ; mais sa forme est, au delà, assez rationnelle et rappelle les modèles de versoirs hélicoïdaux servant à Grignon dans l'enseignement du génie rural et que le constructeur avait sous les yeux.

L'age de la charrue Grosley porte à sa partie antérieure une pièce en fonte K, terminée à l'avant en forme de plateau armé d'un grand nombre de petites saillies rayonnantes : à l'arrière de ce plateau règne une retraite circulaire, dont le bord est interrompu en deux points, c'est par ces deux solutions de continuité que pénètrent les deux saillies intérieures portées par une boîte en fonte L, que l'on peut ainsi accrocher au plateau K par cette espèce d'emmanchement à bayonnette. Cette boîte L peut tourner autour du plateau dans une certaine étendue sans que ses saillies échappent par les échancrures du plateau K. La boîte L est percée de deux trous correspondants, au travers desquels passe très-librement la tige M du régulateur tournant.

On peut abaisser plus ou moins cette tige et la faire tourner plus ou moins avec la boîte qui la porte, puis fixer le tout dans la position voulue, en faisant entrer l'arête postérieure de la tige M dans un des crans du plateau K et en serrant fortement le coin N.

L'ensemble du plateau K, de la boîte L et de la tige M forme enfin un régulateur tournant dont l'idée a été empruntée aux charrues *Eagle* et que M. Grosley lui-même avait adapté aux charrues de Grignon et où ce régulateur tournant continue à être employé, après avoir subi quelques modifications. Nous avons suffisamment fait ressortir précédemment les défauts de ce genre de régulateurs.

La pièce K est fixée de position par la vis O, dont la partie supérieure est tournée en forme de spirale pour supporter les *rênes*. Enfin, la même pièce K est percée en bas pour recevoir la tige horizontale du sabot, que l'on peut fixer plus ou moins haut.

Les mancherons sont réunis ensemble par deux entretoises, et peuvent tourner autour de leur extrémité antérieure, traversée par un boulon horizontal à clavette. La première entretoise est percée en son milieu d'une coulisse circulaire qui embrasse la queue de l'age, de façon que les mancherons puissent être placés plus ou moins haut, suivant la taille du laboureur, un simple coin traversant la queue de l'age et passant dans les crans obliques des bords de la coulisse B, arrête en même temps les mancherons et fixent l'age à l'arrière (fig. 8, pl. II).

Cette charrue est remarquable dans plusieurs de ses parties ; l'inventeur s'est efforcé de satisfaire à toutes les conditions de forme et d'assemblage des diverses pièces, et de remplacement des parties s'usant le plus vite.

Avec des pointes et des socs en fonte de rechange, on peut facilement entretenir la charrue dans un bon état de fonctionnement.

Le versoir peut être plus ou moins ouvert, suivant la difficulté du renversement de la bande, et l'état de la terre.

Les mancherons peuvent être mis parfaitement à la main de tous les laboureurs.

Il n'y a aucune vis dans toute la charrue, tous les assemblages sont à coins simples.

Par contre, cette charrue a plusieurs parties défectueuses indiquées ci-dessus : nous n'approuvons pas le régulateur, l'age qui est d'une seule pièce résisterait difficilement à un travail ordinaire, les pièces sont le plus souvent solidaires dans leurs assemblages, ce qui présente quelques difficultés lorsqu'une seule pièce doit être déplacée.

Charrues à avant-train propres à tous labours. — L'avant-train parait dû aux contrées de l'Europe septentrionale : du moins, l'usage de l'avant-train est très-ancien dans la Germanie : les Gaulois, suivant Pline, le portèrent avec eux dans la Haute-Italie. Dans l'article *avant-train* et dans l'article *charrue* (*Encyclopédie de l'agriculteur*), nous avons fait ressortir autant que possible, les avantages et les inconvénients de l'addition de cette pièce aux araires.

En résumé, l'avant-train a pour bon effet de limiter les oscillations de la charrue qui, *privée de supports*, tend à s'enterrer ou à se déterrer au moindre obstacle, ce qui produit un *tremblottement* continuel, que le laboureur doit continuellement *limiter* dans tous ses écarts, ce qui ne peut guère se faire sans dépasser parfois l'amplitude suffisante. On obtient donc, en dépensant moins de fatigue intellectuelle, un labour de profondeur uniforme, plus facilement avec une charrue à avant-train qu'avec un araire, surtout pour des labours superficiels ou de 8 à 10 centimètres de profondeur.

L'avant-train a pour inconvénient : 1° d'augmenter un peu la traction ; car, pour que l'avant-train ait l'avantage précité, il faut qu'il presse un peu sur le sol, ce qui entraîne un frottement de roulement supérieur, probablement, à l'excès de traction qui résulte de l'action continuelle du laboureur sur les mancherons d'un araire ;

2° De permettre au laboureur de *river* la charrue au sol, en lui donnant trop *d'entrure* et de *rivotage*, ce qui diminue sa fatigue en accroissant celle de l'attelage ;

3° De ne pas rendre sensible, pour le laboureur, la présence des obstacles dans le sol et de ne pas laisser la facilité de les éviter, telle qu'elle existe avec l'araire.

La charrue la plus mal faite, dans ses pièces travaillantes, marche quand même avec un avant-train, tandis qu'un araire ne marche bien qu'autant que toutes ses pièces sont parfaitement établies et que son règlement est précis.

La répartition des charrues à avant-train et des araires en France tient très-probablement plus à la différence des races établies dans les Gaules qu'aux différences de nature des terres : on trouve, en effet, des charrues à avant-train en terres tenaces comme en sols légers, mais ce qui est certain, c'est la difficulté de remplacer brusquement les charrues à avant-train du pays, par des araires perfectionnés, préférables dans la presque généralité des cas. Le premier point, c'est d'améliorer les charrues à avant-train.

1. Observation préliminaire.

Le type d'une bonne terre aux divers points de vue culturaux, est celle qu'en France on nomme *terre franche moyennement compacte*, et, en Angle--

terre, *loam argileux*. Les sols de cette nature sont généralement sains et assez faciles à travailler : ils renferment, en proportions convenables, les trois principaux éléments minéraux des sols : la silice, l'alumine et le carbonate de chaux.

Si l'on prend une moyenne parmi les principaux sols de cette nature, on aura la composition typique suivante :

Silice	de 20 à 56 ou, en moyenne .	40 0/0
Alumine	de 14 à 35	—	. . . . 25 —
Carbonate de chaux	de 14 à 48 5	—	. . . . 31 —
Terreau, oxyde de fer, etc.	. . . .	4 —

C'est pour des terres de ce genre que l'étude générale des pièces de la charrue a été faite dans notre article *Charrue* de l'encyclopédie de l'agriculteur.

Ce qui suit est l'application de la partie théorique de cet article aux diverses circonstances culturales qui peuvent se présenter : nature des terres, profondeur à atteindre etc., etc.

2. Des labours en terres tenaces.

Les terres argileuses diffèrent des précédentes, en ce que la proportion d'*alumine* est beaucoup plus forte et que le calcaire y manque presqu'entièrement. Ces terres, souvent très-bonnes au point de vue de l'alimentation des plantes, ont d'immenses inconvénients pratiques au point de vue cultural mécanique, à moins d'être parfaitement drainées. Si leur sous-sol est imperméable, elles ne peuvent être labourées qu'à certaines époques et exigent toujours beaucoup de traction. Et cependant, pour produire tout leur bon effet, elles devraient être souvent façonnées ou cultivées : la multiplicité des façons les rendrait meubles et permettrait à l'air d'agir sur leurs éléments pour les rendre assimilables par les plantes. Malheureusement, les époques favorables à la culture des terres argileuses sont très-limitées.

Si la terre tenace est un peu humide, elle exige de l'attelage beaucoup de force, parce qu'elle adhère aux diverses pièces, et de plus le labour est mal fait, puisque le versoir change de forme en se chargeant de terre.

Si la même terre est très-humide, les versoirs d'acier et ceux de bois surtout glissent assez bien quand la terre n'est pas sensiblement calcaire ; mais ils lissent les bandes qui se déposent sous forme de longues briques. Si alors de fortes chaleurs ou des hâles énergiques viennent à agir, ces briques humides se durcissent, en séchant, et à un tel point que les instruments d'ameublissement, les herses, les rouleaux ne peuvent les diviser.

Le choix de l'époque favorable pour les labours en terres argileuses est donc de grande importance. L'automne paraît surtout favorable ; les labours étant faits avant les gelées, l'eau, contenue dans les interstices des molécules terreuses, gèle et en augmentant de volume, divise, émiette le mieux possible les bandes du labour ; une suite de gels et de dégels est ce qu'il y a de plus favorable à l'ameublissement des terres argileuses.

Non-seulement il est très-difficile, en certaines années, de trouver une époque favorable au labour des terres fortes ; mais, en tous cas, c'est un travail toujours difficile et par suite coûteux. Il convient donc de rechercher quelles sont les formes des pièces de charrue qui conviennent le mieux dans ce cas, et aussi les conditions d'ensemble auxquelles doit satisfaire une charrue destinée à labourer en terres fortes, tenaces.

L'étude des dispositions spéciales à donner aux diverses pièces d'une charrue destinée aux terres tenaces, doit être faite tout d'abord et dans l'ordre naturel que nous avons suivi jusqu'ici dans l'étude des charrues : puis l'examen des conditions d'ensemble sera la conséquence de cette première étude.

Coutre. Si le labour se fait en terre moite, le coutre, même peu tranchant, pénètre assez facilement ; mais lorsque la terre tenace a été durcie, le coutre éprouve au contraire une grande résistance. A ce dernier point de vue surtout, le coutre doit être tranchant et fortement agressif, c'est-à-dire pointant beaucoup en avant.

Soc. Pour les mêmes raisons, le soc doit être assez plat et très-agressif, c'est-à-dire la pointe portée fort en avant. En outre, une pointe mobile saillant un peu en avant du tranchant est très-utile quand le sol est durci ou contient quelques pierres.

Versoir. Comme il n'est pas toujours possible de labourer une terre argileuse lorsqu'elle est sèche et qu'il convient même mieux de la travailler quand elle est *ressuyée* ou *moite*, les terres tenaces sont sujettes à adhérer fortement à toutes les pièces et surtout au versoir. Il en résulte une augmentation de traction sensible, parce que le mouvement relatif de la terre sur le versoir se fait non plus avec un frottement de terre sur fer, ou sur fonte, mais *terre sur terre*, puisque le versoir se trouve doublé d'une couche de terre persistante.

Mais cette augmentation de traction, indirectement due à l'adhérence, n'est pas le plus grand inconvénient de cette propriété des terres argileuses, ou calcaires fortes : le versoir, en se chargeant de terre, change en effet de forme et bientôt le renversement de la bande ne se fait plus d'une manière satisfaisante : il faut donc que le laboureur ait soin de s'arrêter aussi souvent que cela est nécessaire pour nettoyer à fond le versoir, le coutre, le soc et le sep, d'où une perte de temps considérable.

Il est donc extrêmement important pour les charrues destinées aux terres fortes, de disposer toutes les pièces frottantes et surtout le versoir de telle façon que l'adhérence soit réduite autant que possible.

Le premier moyen consiste dans le choix convenable de la matière constituant les pièces frottantes.

La terre adhère peu au bois de hêtre et au charme dès qu'ils sont imprégnés superficiellement d'humidité, pour les terres fortes, on peut donc adopter des versoirs en bois. Et pour la même raison les seps en bois seraient assez convenables.

Sur l'acier bien poli, la terre adhère moins que sur les versoirs en fer ou en fonte à grain grossier, on peut donc faire le versoir et toutes les pièces frottantes en acier poli.

Pour diminuer le frottement par adhérence, on a aussi adopté pour le versoir, le bronze ou même le cuivre rouge : nous préférons l'acier, par suite de sa plus longue durée et de son moindre prix.

Peut-être la tôle émaillée serait-elle d'un bon usage, nous ne l'avons pas encore essayée, pas plus que les versoirs en porcelaine ou fayence avec couverte. Ce sont des essais que nous indiquons et qui offrent probablement peu d'utilité pratique.

Le second moyen de diminuer l'adhérence, c'est de restreindre autant que possible l'étendue des surfaces frottantes. La pression par centimètre carré sur le versoir, par exemple, étant alors plus considérable la terre s'y attache moins.

Or, les terres collantes sont ordinairement assez consistantes pour que la bande conserve sa forme pendant le renversement, il n'est donc pas nécessaire que le versoir ait une largeur égale à celle du labour. En le rétrécissant autant que possible, en l'échancrant surtout dans le bas, on réduira donc beaucoup sa surface totale. Le versoir est alors étroit et long quoique conservant sa forme hélicoïdale. Il ressemble à certains versoirs d'anciennes charrues, versoirs qui consistaient en une planche épaisse de bois, à peine gauche, ou en une longue plaque d'acier, plane à l'avant mais de plus en plus convexe transversalement en allant de l'avant à l'arrière (*Harna flamand*).

Quelques constructeurs adoptent, dans le versoir de leur charrue à tous labours, une génératrice transversale de plus en plus convexe de l'avant à l'arrière sans rétrécir le versoir. Ils obtiennent ainsi probablement un versoir un peu moins collant que si les génératrices étaient droites.

Au lieu de diminuer la surface du versoir, en diminuant la largeur, on peut conserver celle-ci entière, en évidant le versoir en forme de grille. C'est ce qu'a fait Finlayson il y a plus de quarante ans. Toute la charrue était faite en vue d'une terre très-collante ; elle était désignée sous le nom de charrue squelette du Kent, se nettoyant d'elle-même (fig. 1, pl. VII).

« La terre, dans une grande partie du comté de Kent est une argile extrêmement collante. » Lorsque cette terre est dans un état intermédiaire de sécheresse et d'humidité, elle adhère au corps de la charrue comme de la glue, ce qui double et même triple la traction. En remplaçant le versoir par quatre ou cinq barres de fer, la terre n'adhère plus et le tirage de la charrue peut être fait par deux chevaux au lieu de quatre. Ces avantages sont dus à ce que la surface du versoir est réduite à un tiers ou un quart de celle d'un versoir plein. De même que pour défoncer à bras une terre argileuse, il est plus facile d'employer une fourche à deux ou trois dents qu'une bêche. C'est ainsi qu'est décrite cette charrue dans le *British farmer* (p. 165).

On voit que l'age est ouvert au-dessus du coutre : les herbes entraînées sur le tranchant s'élèvent, et comme elles sont chargées de terre collante, elles s'entasseraient sous l'age si le vide laissé entre les branches de l'age ne leur offrait un dégagement continuel.

Dans l'araire squelette de Finlayson, le versoir était fait de barres droites et à peu près horizontales, il est clair, d'après notre théorie du versoir, que ces barres devraient être contournées suivant les hélices génératrices de la surface hélicoïdale : tel est le perfectionnement que nous apportons à ce système de versoir squelette, en ajoutant que la section transversale des barres doit être trapézoïdale, la plus grande base étant du côté de la face travaillante du versoir.

Telles sont les considérations rationnelles propres à diriger le constructeur et le cultivateur dans le choix d'un modèle de charrue pour labours en sols tenaces.

3. Examen de diverses charrues pour sols tenaces.

Chez la plupart des constructeurs, ces charrues ne diffèrent guère de celles dites à tous labours, que par de faibles changements dans les pièces travaillantes et une augmentation de force de toutes les pièces de liaison, en raison de la plus grande traction nécessitée par les terres fortes.

Le versoir devrait être plus long et plus étroit; en acier, en bois ou en cuivre rouge, si les terres tenaces sont aussi collantes. Le soc a besoin d'être plat et très-tranchant sans pointe : le coutre doit être aussi bien tranchant : si ces terres sont durcies par la sécheresse, un soc à longue pointe peut être préférable, et le coutre doit avoir une faible inclinaison sur l'horizon.

Fig. 8.

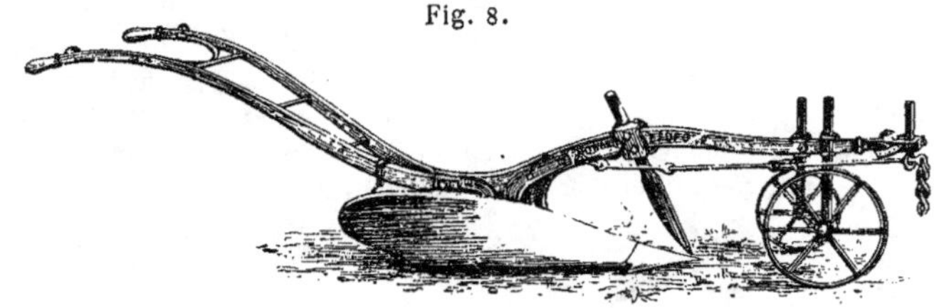

La fig. 8 représente une charrue de Howard destinée aux terres difficiles à labourer; elle ne diffère de la charrue propre à tous labours BB, convenable même en terre forte, qu'en ce que les pièces de fonte, sont en fonte malléable ou au moins en très-bonne fonte douce, pour éviter les ruptures en cas de rencontre de pierres ou de racines ; elle est destinée aussi aux colonies et dans le but de rendre l'emballage facile, les mancherons se démontent.

Cette charrue marquée LB, suffit pour labours superficiels ou peu profonds en terres tenaces : elle coûte en Angleterre 112^f,50 et pèse 114^{kg},25 (soit 0^f,98 par kilog.) : la charrue coloniale marquée B, convient pour les labours moyens, dans les mêmes terres: elle pèse 127 kil. et coûte 125 francs (0^f,98 par kilog.). Enfin la charrue coloniale marquée BB est la plus convenable pour de bons labours de 22 centimètres de profondeur : elle pèse 139^{kg},64 et coûte 131 fr. (0^f,941 par kilog.)

Dans quelques pays à terres fortes, on a conservé la coutume de labourer

Fig. 9.

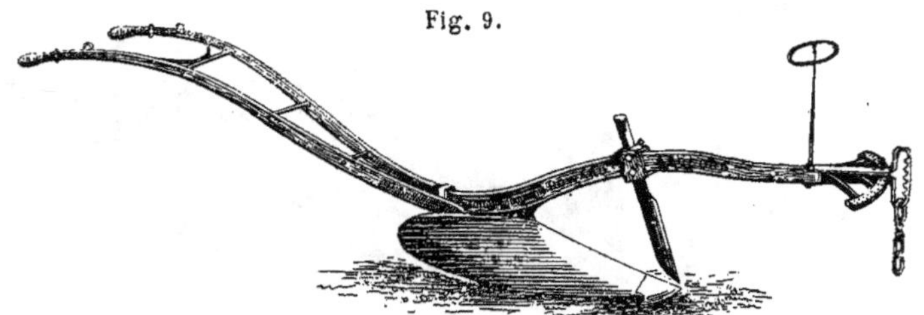

en petits billons qui égouttent le sol. L'araire Howard représenté par la fig. 9 a été fait pour ces pays: il ne se distingue des charrues à tous labours des mêmes constructeurs, que par une étendue inusitée du régulateur de largeur : le soc est étroit et à tranchant convexe, ce qui permet le labour suivant toutes les coupes ou degrés d'inclinaison de la muraille.

La charrue Ransomes à age massif, représentée par la fig. 10 est destinée aux colonies, elle est assez forte pour résister à 3 ou 6 chevaux, et fait une

Fig. 10.

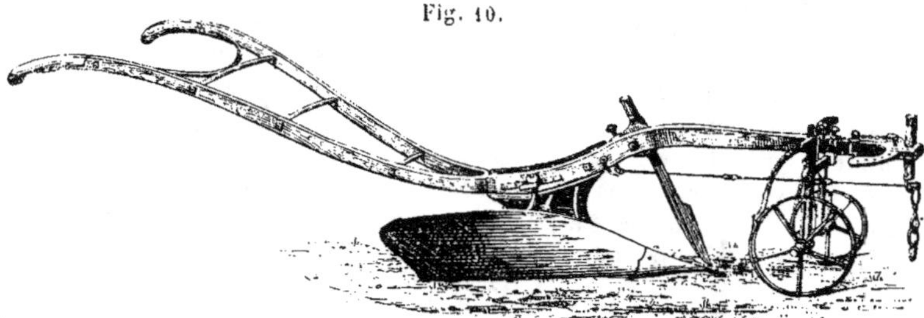

bande de 0^m,229 d'épaisseur sur 0^m,343 de largeur ; elle est marquée VR, et coûte 115^f,63 à 2 roues ; 103^f,13 à une roue et 95^f,63 en araire.

Le modèle à age en trousse du même constructeur (fig. 11), marquée YFL est destinée aux terres lourdes qui se trouvent aux embouchures des fleuves

Fig. 11.

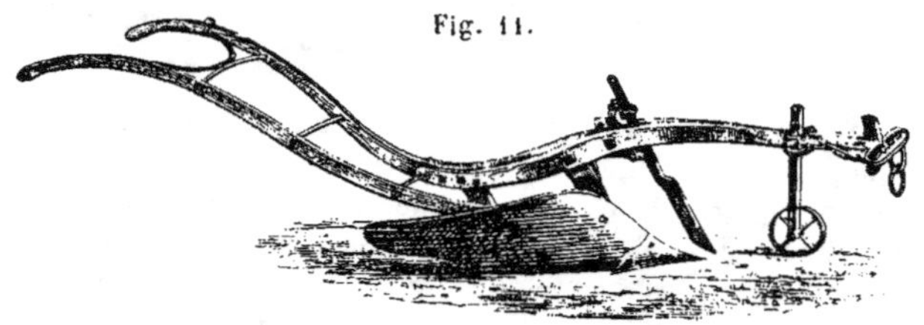

et où le labour se fait avec des bœufs : elle est aisée à conduire pour six bons bœufs ou huit jeunes : elle fait une bande de 0^m,178 d'épaisseur et 0^m,267 de largeur : elle est faite comme la précédente, suivant les formes ordinaires adoptées par Ransomes pour ses charrues à tous labours, sauf que le soc est plus large : elle coûte 103^f,13 avec 2 roues, 90^f,63 à une roue et 83^f,13 sans roues.

Fig. 12.

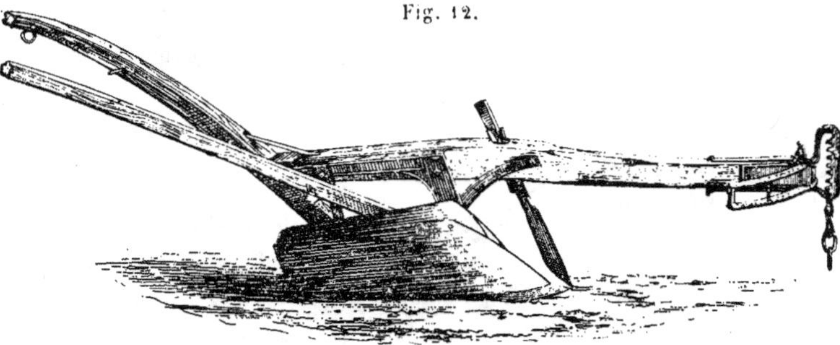

La charrue originale de *Goldhanger* destinée aux terres lourdes, et telle qu'elle est faite par Warren, est représentée dans la fig. 12 : elle ne présente pas de différence sensible avec l'ancienne charrue Goldhanger de Bentall, à laquelle nous renvoyons. Celle-ci coûte 59^f,38 sans le coutre.

La charrue Ball (fig. 2, pl. VII), ensemble et détails a été souvent primée en Angleterre : le soc, sans avoir tout à fait la largeur de la bande est plus large que dans la plupart des charrues anglaises : le coutre est retenu par un simple étrier américain : le pelloir et les roues, par des étriers à vis de pression et à deux mortaises, comme l'indique la coupe transversale : elle coûte 103^f,13.

La charrue de Bentall (fig. 8, pl. VII) dite charrue en fer à racines est destinée aux terres dures, tenaces, dans lesquelles les charrues ordinaires seraient exposées à se briser : elle coûte 125 francs : elle diffère des charrues ordinaires du même constructeur, dans la forme de l'age et des mancherons en fer, et dans l'addition d'une chaîne de tirage qui semble contredire l'assertion de Bentall que cette chaîne de traction ne préserve pas l'age des excès de traction qui tendent à le rompre ; elle passe dans une tringle attachée à l'extrémité droite de l'arc du régulateur, et jusqu'à l'age près du point de tirage, et a pour but de consolider cet ensemble. Le régulateur de hauteur est une tringle glissant dans des mortaises de la bride qui règle la largeur : il est précis et étendu.

Mais si, par un bon choix de la charrue, on arrive à labourer les terres tenaces même un peu humides, il se présente un inconvénient assez grave. Les bandes retournées se dessèchent et forment comme de longues briques crues extrêmement dures et que les herses peuvent à peine entamer. C'est pour éviter cet inconvénient que nombre de cultivateurs, malgré l'accroissement de traction qui en résulte, emploient des charrues à versoir très-court, qui ne peuvent labourer qu'en brisant la bande en mottes plus ou moins grosses.

C'est pour parer autant que possible au durcissement des bandes humides de terres argileuses que plusieurs cultivateurs ont imaginé d'ajouter au versoir des appareils propres à diviser la bande au fur et à mesure de son renversement. Comme la plupart des inventions, celle-ci peut être revendiquée par plusieurs inventeurs.

Nous trouvons, dans les concours de la Société royale agricole d'Angleterre de 1842, une charrue dite *pulverising* (diviseuse). L'invention de l'addition de couteaux diviseurs placés horizontalement, était attribuée à cette époque à un M. Brown, qui l'avait réalisée depuis 20 ans (soit en 1822) : l'inventeur plaça d'abord un des couteaux horizontalement, et l'autre verticalement ; mais la 1re position étant la plus efficace, il la donna aux deux couteaux.

L'inventeur reconnut bientôt, du reste, que les deux couteaux n'avaient pas grand effet quand la terre était trop humide, et le travail fait en temps inopportun et qu'il n'en fallait alors placer qu'un pour que le travail se fît bien ; mais que dans les époques favorables, ces couteaux avaient un très-bon effet pour l'ameublissement du sol, empêchaient la formation des mottes durcies, et que l'on économisait alors, un hersage qui, sur ces terres, est parfois difficile, car les chevaux enfoncent dans la terre détrempée : on a pu parfois semer immédiatement sur un labour fait avec ces charrues diviseuses.

Pour des terres non trop fortes, les couteaux peuvent être placés sur l'extrémité du versoir ; mais il convient, suivant ce premier inventeur, de les placer au delà du versoir pour les terres très-argileuses, afin qu'ils n'agissent sur la bande que lorsqu'elle est déjà couchée.

En outre, si la bande doit être couchée un peu à plat, c'est-à-dire si elle est assez large par rapport à l'épaisseur, l'inventeur conseille de mettre le couteau supérieur horizontal pour couper les arêtes et l'inférieur, vertical, pour couper le bord intérieur des bandes. Si les bandes sont épaisses par rapport à la largeur, et par suite bien dressées après la charrue, l'inventeur conseille trois couteaux horizontaux.

Il faut remarquer enfin que cette addition est beaucoup plus facile à faire aux charrues à 2 roues qu'aux araires purs :

Depuis cette époque, l'addition des couteaux a été plusieurs fois proposée.

En 1856, nous avons signalé, dans notre rapport sur les opérations de la 3e section de Jury, l'addition faite par M. le comte Aventi des États-Romains, d'une herse pour diviser la terre derrière le versoir ; et celle faite par M. Plissonnier, de trois couteaux sur le bord extrême du versoir d'une charrue système Dombasle. Plus tard, nous avons fait connaître une autre charrue diviseuse, exposée dans un de nos concours sous le titre de *charrue diviseuse* de M. Bouthier de Latour, si nos notes sont exactes.

En 1855, M. Van Maële exposait à Paris, sous le n° 425, une belle charrue dont le versoir était armé à l'arrière d'un éperon destiné à *déchiqueter* la bande de terre au moment même où elle va se coucher sur les précédentes (fig. 3, pl. VIII), A représente en plan la fin du versoir, et B l'éperon diviseur.

Charrues pour sols légers. Pièces travaillantes.

Lorsqu'une charrue est spécialement destinée à labourer en sol léger, les diverses pièces travaillantes, coutre, soc et versoir, ne doivent pas être les mêmes que celles d'une charrue ne devant travailler qu'en terres très-compactes ou tenaces.

Notre article sur les formes et dispositions des diverses pièces d'une charrue a été fait implicitement en vue d'une charrue destinée à un sol *moyennement compacte*, c'est-à-dire ni léger, ni tenace.

Il s'agit donc d'étudier les différences du travail suivant la nature du sol à labourer : car, de ces différences de travail, on déduira, suivant la méthode que nous avons adoptée, les différences dans les formes rationnelles des pièces travaillantes, suivant que le sol est très-léger ou très-tenace.

En terre très-légère, le coutre pénètre facilement, il n'a qu'à déterrer les racines et les pierres s'il y a lieu, comme les terres légères sont les plus siliceuses, le tranchant du coutre et ses faces travaillantes s'useront excessivement vite. On peut restreindre la longueur de la partie travaillante à l'épaisseur du gazon à trancher, et même on trouve pour sols légers nombre de charrues sans coutre : la gorge du versoir est faite presque tranchante, et suffit pour détacher la bande verticalement quoique un peu tardivement pour la partie superficielle. Il en résulte des arrachements de la partie gazonnée, ou enherbée, et par suite un labour sale.

Il convient donc de conserver un coutre, avec la condition de ne le faire servir qu'à couper sur l'épaisseur de la couche des racines traçantes. Il a eu outre le bon effet de contribuer, bien réglé, à la stabilité de la charrue pendant son travail.

Pour des seconds labours, le coutre peut être supprimé :

Si on ne peut avoir de charrues spéciales pour les diverses terres, on réservera les vieux coutres pour labourer avec la charrue ordinaire en sols légers.

Le soc pénètre facilement aussi dans une terre légère. Son angle de travail peut donc sans inconvénient sensible, être assez considérable, c'est-à-dire que le soc peut être très-peu tranchant et même un peu *mousse*. Donc les socs presqu'usés suffisent et doivent être réservés pour les terres légères.

Les terres légères éminemment siliceuses, usent très-promptement le fer, l'acier et même la fonte.

L'entretien des charrues en socs serait très-coûteux, s'ils étaient en fer ou acier. C'est donc surtout pour les sols légers que les socs en fonte douce, durcis au tranchant, sont recommandables ; ils coûtent peu et sont faciles à remplacer.

Versoir. Notre théorie du versoir suppose implicitement que la terre est assez consistante, puisque la bande détachée par le soc et le coutre, conserve pendant son retournement sa section rectangulaire. Cette bande est un parallélipipède rectangle qui se tord sur le versoir en se moulant sur la surface hélçoïdale et se détord dès qu'il est renversé stablement.

Or, les terres éminemment *légères* ne peuvent être ainsi découpées en bandes parallélipipédiques qu'autant qu'elles sont assez fortement gazonnées. Le versoir des terres légères doit donc différer d'autant plus du versoir théorique que la mobilité de ces terres est plus grande.

Si nous supposons une mobilité excessive, analogue à celle du sable sec pur, il est clair que le renversement de la bande par un effort latéral tel qu'il est admis dans notre théorie du versoir, n'est plus applicable absolument. On peut chercher à faire ce retournement de la terre par un effort longitudinal.

Supposons une pelle parfaitement plane, inclinée sur l'horizon et avançant dans un sable très-meuble, par l'action d'une force longitudinale, horizontale. La molécule appartenant à la couche supérieure du sol, ne peut (par suite de la résistance qu'opposent les molécules antérieures placées sur la même ligne horizontale et les molécules latérales) que s'élever sur le plan incliné ou la pelle. Toutes les molécules doivent donc en même temps s'élever d'une certaine quantité et sont immédiatement remplacées par les molécules antérieures, de sorte qu'il se forme un courant de molécules où les couches horizontales sont remplacées par des couches obliques en même nombre.

Si le plan se prolongeait indéfiniment avec la même inclinaison, on aurait un courant continu dans lequel les files de molécules n'auraient fait que passer de la direction horizontale à celle de la plus grande pente du plan incliné ; mais si l'inclinaison va en diminuant constamment, les molécules intérieures ayant moins de chemin à parcourir pour arriver au bout du plan, tomberaient les premières dans l'ordre inverse, le sol serait ainsi réellement retourné sens dessus dessous. L'accroissement du frottement des couches, de la surface au versoir, complète cet effet.

Si au contraire, l'inclinaison augmente continuellement, les files supérieures ayant moins de chemin à parcourir que les files inférieures, arrivent le plus vite à la verticale ou à l'inclinaison limite par laquelle aucune force horizontale finie ne suffit pour faire élever la moindre molécule. Alors les molécules de la couche superficielle s'accumulent en avant (moussent) et les autres n'arrivant à cette inclinaison que successivement sont forcées de passer par dessus les premières et il y a encore retournement sens dessus dessous des molécules terreuses.

Dans la première hypothèse, le retournement se ferait sur place ou un peu à l'arrière ; dans la seconde, sur place ou un peu en avant. Or, la première hypothèse peut seule se réaliser et on trouve en effet, dans quelques charrues sous-sol, des versoirs en plan incliné dont la plus grande pente est dans le plan vertical du mouvement même de la charrue, la terre s'élève sur le versoir et tombe en se retournant sens dessus dessous, si l'on donne à la plus grande pente une valeur décroissante suffisante : ou en retombant à peu près dans sa position primitive mais ameublie, si la plus grande pente reste uniforme.

Pour réaliser le retournement par la deuxième hypothèse, il faut que la file de molécules qui s'est élevée jusqu'à la pente limite puisse se dégager d'un côté, par l'effet d'un excès de réaction des autres files placées du côté opposé.

Donc, l'inclinaison va en augmentant continuellement, mais suivant une direction oblique : si l'on veut verser à droite, il faut que la hauteur au-dessus du sol aille en diminuant et d'autant plus vite que l'on s'approche plus de la fin du versoir : c'est-à-dire enfin que les sections longitudinales du versoir sont des courbes dont l'inclinaison des éléments sur l'horizon, va en croissant d'autant plus vite que l'on s'approche plus de la muraille : sur le côté opposé, l'augmentation d'inclinaison est nulle et elle est très-forte à la gorge du versoir. Nous ne connaissons pas de règle pour déterminer la loi d'accroissement des inclinaisons : mais il est facile de comprendre que le retournement sens dessus dessous est d'autant plus certain que l'on arrive plus rapidement à l'inclinaison limite dont nous avons parlé. Comme en définitive, la section résultant des courbures longitudinale et transversale ne s'écartera pas bien sensiblement d'une surface hélicoïdale, on pourra prendre comme longueur du versoir, celle que devrait avoir un versoir hélicoïdal pour une terre consistante de frottement égal et pour la même largeur de raie.

Comme une mobilité aussi grande que celle que nous venons de supposer est rare, on peut prendre un versoir intermédiaire entre le versoir hélicoïdal ordinaire et celui dont nous venons d'indiquer la génération. Et l'on peut même dire qu'un versoir hélicoïdal très-court, satisfait suffisamment bien au retournement d'un sol meuble. Sauf que pour un sol très-meuble la génératrice transversale ,d'abord droite à l'avant, doit être de plus en plus concave en allant vers l'arrière.

Soit par exemple, une terre légère dont le frottement sur la fonte polie est représentée par un angle de 22 degrés environ, la longueur de la partie antérieure devrait être à peine de 1,4 de la largeur du labour et celle de la partie postérieure de 0,9 de longueur, en tout, 2,3 de la longueur du labour et pour une largeur ordinaire de 0,27 ce serait $0^m,621$, la première génératrice inclinée à 1 pour 9 sur l'horizon et droite, la génératrice placée à $0^m,378$ ayant une inclinaison de 100 degrés et la dernière de 150 degrés avec une courbure encore très-forte.

On aurait ainsi un versoir à oreille très-contournée vers le sol, ce qu'on appelle *recoquevillé*.

Ainsi, en partant du versoir héliçoïdal pur à génératrices transversales droites pour les terres consistantes, on diminuera de plus en plus la longueur de ce versoir en faisant des génératrices transversales de même rang d'autant plus concaves que la terre s'approchera plus d'une parfaite mobilité.

On peut ajouter que la bande de terre légère tendant naturellement à s'ébouler, ce qui s'oppose au retournement, il convient aussi que le versoir destiné aux terres légères soulève un peu la terre et la pousse un peu, ce qui revient à mettre l'axe de l'héliçoïde pure ou modifiée un peu incliné d'avant en arrière et de gauche à droite, si l'on verse la terre de ce côté.

PIÈCES DE DIRECTION.

Sep. Comme il s'usera très-rapidement dans les terres siliceuses, il convient de faire des surfaces frottantes d'une grande étendue, ou d'adopter des moyens faciles et prompts pour avancer le talon du sep au fur et à mesure de l'usure, ou faire piquer ou rivoter plus ou moins le soc suivant le plus ou moins d'usure.

ENSEMBLE D'UNE CHARRUE POUR TERRE LÉGÈRE.

La résistance des terres légères sur le coutre, le soc, le versoir et le sep étant assez faibles, toutes les pièces de liaison de la charrue, l'age, les étançons, etc., ont moins besoin de force. Par suite, la charrue dans son ensemble sera moins massive, moins lourde, et quelque peu moins coûteuse qu'une charrue pour terre consistante.

Pour un labour ordinaire, c'est-à-dire de 25 à 27^{cm} de largeur sur 17 à 18^{cm} de profondeur, deux petits chevaux seraient suffisants. Il serait donc préférable d'employer en terre légère des bisocs pour effectuer les labours ordinaires : il suffirait largement de 3 chevaux par bisoc. Pour des labours superficiels, dans de telles terres, il faudrait adopter les trisocs, à 3 ou 4 chevaux au plus. Ainsi, en terre légère, ce n'est que pour les labours profonds que l'on doit employer la charrue *monosoc*.

Les charrues qui paraissent faites plus spécialement pour travailler en terres très-légères sont, ce qu'en Allemagne, on appelle Ruchaldo (fig. 4 et 5) ou charrues brise-mottes. Evidemment, en terre forte si, à l'aide d'une force considérable, on fait pénétrer cette charrue , la bande qu'elle détache devant se plier brusquement, se brisera, comme sur tous les versoirs trop courts, quelle que soit leur forme.

En sol léger, ce versoir retournerait à peu près, sens dessus dessous, la motte inconsistante que son avant détacherait.

L'araire de Rokitzan (fig. 4, pl. VIII) (empire d'Autriche) est un intermédiaire entre la charrue primitive représentant un pic attelé, et le Ruchaldo.

Ces charrues, évidemment médiocres, n'ont donc qu'un intérêt historique.

Les charrues actuelles des États-Unis d'Amérique sont, à peu près, comme forme de versoir et comme simplicité surtout, des intermédiaires entre les simples Ruchaldo et les charrues perfectionnées françaises.

Nous donnons ici (fig. 6, pl. VII) un petit modèle de la charrue assez célèbre de John Deere (Illinois). Elle ne diffère de la charrue à tous labours et de la charrue à sol tenace du même constructeur, que par la moindre force de ses diverses pièces de liaison. Toutes les pièces sont en acier.

La charrue sans coutre de Collins (fig. 7, pl. VII) (Connecticut) peut être aussi considérée comme destinée plus spécialement aux terres légères ; elle ne diffère des charrues à tous labours et à sol tenace du même constructeur que par la force des pièces et non par leur forme.

En Allemagne, les charrues façon américaine se répandent beaucoup. Quelques-unes sont des charrues perfectionnées comme forme et construction, mais faites surtout pour remplacer les Ruchaldo ou charrues brise-mottes. Le versoir est extrêmement court.

La fig. 8, pl. VII, représente la charrue de Howard marquée P, plusieurs fois primée comme charrue à terre légère ; elle ne diffère de la charrue à tous labours marquée B, que dans le versoir et le soc ; le soc étant fait assez large et plat pour couper des bandes rectangulaires, et le versoir renversant plus rapidement la bande, en étant moins long.

C'est une charrue très-renommée dans quelques parties de l'Angleterre.

Prix, telle qu'elle est représentée : 115^{fr},63 ; le pelloir, 6^{fr},25.

La charrue des mêmes constructeurs, marquée DD (fig. 9, pl. VII) est, pour ainsi dire, un diminutif de la charrue à tous labours, marquée B ; celle-ci a un versoir un peu plus court, et des dimensions plus faibles suffisantes pour les sols légers : elle est cependant un peu plus forte que la précédente, marquée D, et peut faire les labours dans les sols légers avec un cheval moyen ou deux petits chevaux. Prix : avec ses roues, 84^{fr},38, et avec une roue, 71^{fr},88.

La fig. 10, pl. VII, représente la charrue brevetée Hunt et Pickering, pour terres légères. Contrairement à la théorie, son versoir paraît assez long ; mais il ne faut pas oublier qu'un excès de longueur du versoir, s'il est sans utilité pour une charrue à terre légère, n'a pas, en revanche, d'inconvénient sensible, l'accroissement de traction qui peut en résulter, étant insignifiant. Cette longueur est estimée par quelques laboureurs surtout, et c'est le cas ici lorsque le labour doit être fait à bandes trapézoïdales ou en crémaillère, et la bande fortement retournée, et avec deux roues, cette charrue coûte 106^{fr},25, et avec une paire de roues à moyeux patentés de Russel, elle coûte 6^{fr},25 de plus.

La charrue représentée fig. 11, pl. VII, est la charrue à deux chevaux de Bentall, marquée N G H ; c'est le modèle récent destiné aux terres légères ou aux labours faciles. Le régulateur est celui déjà décrit dans la description des charrues ordinaires de Bentall ; le coutre est fixé dans une mortaise de l'age. Le soc est mobile ; son entrure peut être réglée par la vis vue au-dessus du versoir près de la gorge. Sa construction a servi de type à celle des charrues perfectionnées de Bentall, dont la fig. 12, pl. VII, représente un modèle marqué E H A ; elle ne diffère de la charrue à tous labours déjà examinée, du même constructeur, qu'en ce que les mancherons sont courbes, ce qui modifie un peu l'arrière du corps de charrue : le coutre est placé dans une mortaise de l'age et retenu par un coin, tandis que dans le modèle E II B, le coutre est contre l'age dans une coutrière.

Comme araire, elle coûte 59ʳ,38 ; avec une roue, 67ʳ,51, et avec deux roues, 75ʳ,60.

Ces charrues n'ont pas, en Angleterre, tout le succès qu'elles devraient avoir, si elles étaient faites tout en fer. En France, ce mode de construction serait, au contraire, plus prisé : il est plus économique et plus en rapport avec nos habitudes de construction. Le versoir de cette charrue s'accorde assez avec les conclusions de la théorie présentée au commencement de cet article.

MM. Hornsby fabriquent une charrue à age et mancherons de fer brevetés : elle porte la marque R E : les pièces principales sont faites suivant les formes de la charrue en fer à tous labours déjà examinée avec le soc placé sur un levier de règlement ; elle a, en outre, un corps en fonte, breveté, plus court que les corps en usage ordinaire en Angleterre ; elle est faite pour deux chevaux et peut labourer à la rigueur de 8 à 19 centimètres, c'est donc une espèce de charrue à tous labours, mais plus propre aux labours superficiels en toutes terres et aux labours ordinaires moyens en terres légères, qu'aux labours un peu profonds et en sol tenace.

En araire, avec un age court. 87ʳ,50ᶜ
Avec une roue, age plus long. 90ʳ,00
Avec deux roues 96ʳ,88

Un second modèle de même disposition est plus fort pour tous labours, il coûte 6ʳ,25 de plus.

La charrue, fig. 13, pl. VII, de M. Warren, a été faite spécialement pour le Cambridgeshire ; elle rappelle dans quelques-unes de ses parties, la vieille charrue Gol.langher. Le versoir est court, retournant assez complétement la bande ; le régulateur est une tige verticale d'une disposition particulière; sans la roue elle coûte 59ʳ,38.

Le modèle de charrue Ransome fig. 5, pl. VIII) est destiné aux terres faciles , il est marqué B F S et peut faire un labour de 0ᵐ,15 de profondeur sur 23 de largeur avec des chevaux ou des bœufs ; on peut aussi la ranger dans les charrues propres aux labours superficiels. Le régulateur de hauteur est une tige glissant dans un étrier mobile sur une coulisse en arc de cercle, et qu'un écrou suffit à tenir en place pour régler d'un coup la hauteur et la largeur ; le coutre, pour plus de simplicité, est retenu par un étrier américain. Avec une roue, cette charrue coûte 68ʳ,75.

La charrue de Reeves, fig. 14, pl. VII, se distingue des précédentes par son régulateur, composé d'une tige verticale percée de deux rangées de trous et qui peut se lever ou s'abaisser dans une fourche terminant l'age ; la largeur est réglée par la position du crochet sur un anneau long à branches horizontales, sur la plus basse desquelles se meut ce crochet de traction qu'on peut fixer à la largeur voulue par une simple cheville : faite pour des labours de 0ᵐ,15 de profondeur cette charrue est facilement conduite par deux chevaux et coûte 87ʳ,50 et 6ʳ,25 de plus si le versoir est en acier.

Toutes les charrues précédentes propres aux labours en sols légers sont suffisantes pour faire des labours d'ameublissement dans les terres moyennement compactes, mais on comprend que si l'on voulait des charrues spéciales pour second ou troisième labours, qui sont des façons *d'ameublissement* autant que de *retournement,* il faudrait en principe des versoirs très-courts.

Ce principe est même fort exagéré dans quelques charrues allemandes et autrichiennes, dont le travail peut à juste titre être assimilé à celui de la pelle qui jette le sol, tandis que celui des charrues précédentes rappelle le travail de la bêche, découpant la terre en bandes qu'elle renverse sans les briser. Nous donnons comme exemple fig. 4 et 5, pl. VII, deux charrues de M. Horsky, qui rappellent les charrues allemandes appelées Ruchaldo. La première est appelée par l'inventeur charrue brise-mottes; l'age est relié au corps de charrue par des étriers et il suffit d'enfoncer des coins sur l'une des faces verticales ou horizontales de l'age pour régler l'entrure et la largeur du labour, car le corps de la charrue pique alors plus ou moins, de par les coins mis sous ou sur l'age et rivote ainsi plus ou moins par les coins mis de côté.

Dans le modèle fig. 5, pl. VII, le bout de l'age est terminé par une queue que deux vis font aller plus ou moins haut ou plus ou moins à droite ; la rotation de l'age se faisant dans le joint de l'unique étançon.

Dans ces deux charrues, on règle en outre l'entrure en mettant *le versoir-soc* plus ou moins bas dans les écrans de l'étançon : un seul boulon avec écrou à oreilles suffit pour retenir en place le versoir.

Imprimerie polytechnique de E. Lacroix, à Saint-Nicolas-Varangéville.

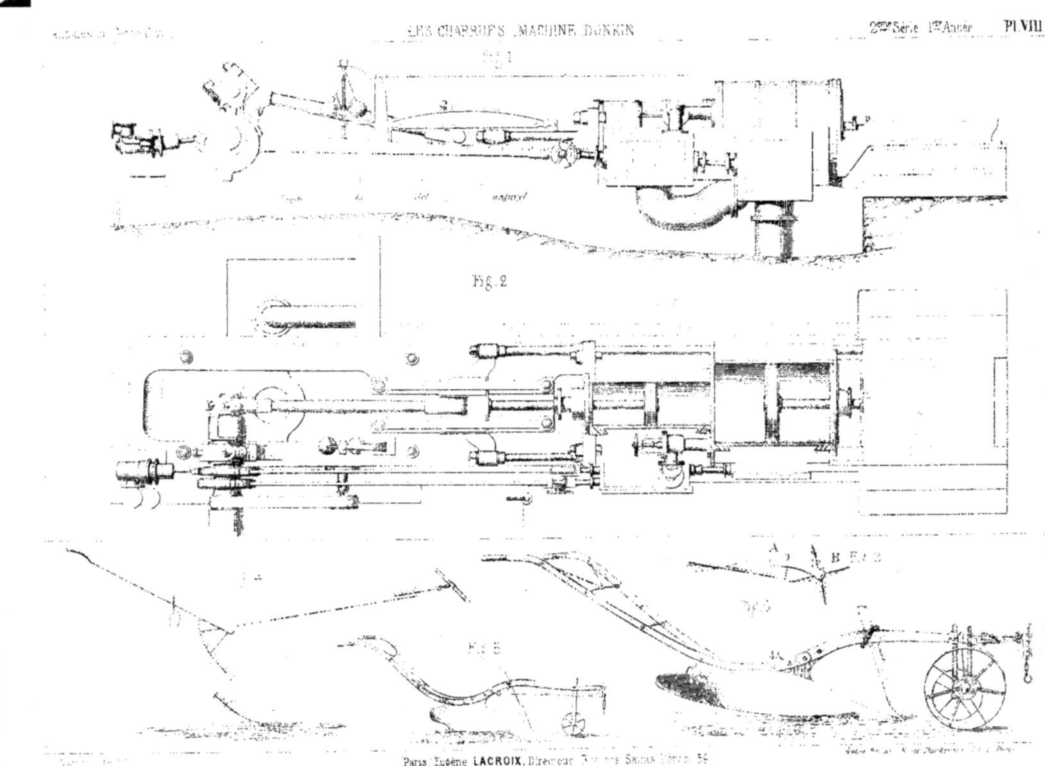

Paris. Eugène **LACROIX**, Directeur. Rue des Saints-Pères 59

Publication trimestrielle. 2 fr. par an. — Le n°: 75 c.

BIBLIOGRAPHIE

DES

INGÉNIEURS, DES ARCHITECTES

DES

CHEFS D'USINES INDUSTRIELLES

DES

ÉLÈVES DES ÉCOLES POLYTECHNIQUE ET PROFESSIONNELLES

ET DES AGRICULTEURS

REVUE CRITIQUE DES LIVRES NOUVEAUX

PAR

E. LACROIX

Membre de la Société industrielle de Mulhouse, de l'Institut royal des Ingénieurs hollandais
et de la Société des Ingénieurs de Hongrie
Directeur et Fondateur des *Annales du Génie civil*
de la Bibliothèque des professions industrielles et agricoles, etc.

IVe SÉRIE, N° XV

PUBLICATIONS DU 4e TRIMESTRE 1869

—

Prix : 75 c.

—

PARIS

LIBRAIRIE SCIENTIFIQUE, INDUSTRIELLE ET AGRICOLE

Eugène LACROIX, Imprimeur-Éditeur

Libraire de la Société des Ingénieurs civils de France, de celle des anciens Élèves
des Écoles impériales d'Arts et Métiers, de la Société des Conducteurs des Ponts et Chaussées
de MM. les Mécaniciens de la Marine impériale, etc., etc.

54, RUE DES SAINTS-PÈRES, 54

Imprimerie à Saint-Nicolas-de-Port (Meurthe)

CORRESPONDANCE

A Monsieur J. RICHARD, à Clermont-Ferrand,

Nous avons l'honneur de vous répondre par la voie de notre recueil, parce que ce sera en même temps répondre à plusieurs de nos abonnés.

Nous puisons, pour les ouvrages français, nos renseignements dans la partie officielle du *Journal de la Librairie*. Il ne s'imprime pas une feuille de papier que l'imprimeur ne doive la déclarer, de plus il en adresse deux exemplaires au Préfet de son département après l'impression terminée. Un exemplaire de tout ce qui s'imprime est adressé au Ministère de l'intérieur, bureau de la Direction de la librairie, et la liste en est publiée dans le *Journal de la Librairie* qui paraît hebdomadairement le samedi.

Je n'ai donc qu'un seul mérite, celui de dépouiller ce journal pour en extraire les titres qui font l'objet de cette Bibliographie spéciale.

Lorsque l'un de ces ouvrages mérite d'ailleurs plus spécialement l'attention du public, je le signale par une courte analyse.

Pour les ouvrages imprimés à l'étranger, je prends mes renseignements dans les catalogues et dans les journaux techniques qui y sont publiés.

Tous les 4 ou 5 ans, je rédige une table méthodique des matières et une par noms d'auteurs pour faciliter les recherches.

E. LACROIX.

OCTOBRE A DÉCEMBRE 1869

A

1400*. Annales du Génie civil et recueil de mémoires sur les ponts et chaussées, les routes et chemins de fer, les constructions et la navigation maritime et fluviale, l'architecture, les mines, la métallurgie, la chimie, la physique, les arts mécaniques, l'économie industrielle, le génie rural, *renfermant des données pratiques sur les arts et métiers et les manufactures*, annales et revue descriptives de l'industrie française et étrangère, répertoire de toutes les inventions nouvelles, publiées par une réunion d'ingénieurs, d'architectes, de professeurs et d'anciens élèves de l'école centrale et des écoles d'arts et métiers, avec le concours d'ingénieurs et de savants étrangers. Eug. Lacroix, membre de la Société industrielle de Mulhouse, de l'Institut royal des ingénieurs hollandais et de la Société des ingénieurs de Hongrie, *directeur de la publication.* 8ᵉ année (1869). 1 vol. grand in-8, 972 p., 160 fig. dans le texte et atlas de 45 pl. 25 fr.

1401. ABABIE. — Guide de l'agriculteur dans le choix, l'achat et **l'emploi des engrais.** In 8, 40 p. Toulouse, imp. Chauvin et fils.

1402. AUGÉ. — Un philanthrope du jour et son usine. De ses mineurs ; In-8°, 180 p. Saint-Nicolas-de-Port, imp. Lacroix. 2 fr.

B

1403. BAUDIL. — Considérations sur **l'oïdium** et sur la nouvelle maladie de la vigne. In-8°, 45 p. Bordeaux, imp. Vᵉ Dupuy. 1 fr.

1404. BEAUMONT (de). — Etudes théoriques et pratiques sur la **pisciculture.** In-18 jésus, 512 p. Paris, imp. Bourdier, 3 fr. 50 c.

1405. BELLOC. — **Photographie.** Procédé sur verre et sur papier. Verre opale, mat et brillant, coloris instantané, coloris brésilien. Retouche du cliché. In-12, III-73 p. Paris, imp. Cordier.

1406. BÉRARD (Aristide), ingénieur.—Considérations sur le rôle de la **combustion intermoléculaire** des corps renfermés dans la fonte, et sur l'influence de l'hydrogène dans la **fabrication de l'acier fondu.** In-8, 22 p. Paris, imp. Jouaust, 1 fr.

1407. BOBIERRE. — Simples notions sur l'achat et l'emploi des **engrais commerciaux,** avec planches coloriées et figures intercalées dans le texte. In-16, III-154 p. Paris, imp. Raçon et Cᵉ. 2 fr.

1408. BORIES. — **Engrais** de ferme, engrais industriel. In-8, 52 p. Albi, imp. Desrue.

1409. BOSSIN. — Semis, plantation et **culture des asperges,** 3ᵉ *édition.* In-18 jésus, 107 p. Evreux, imp. Hérissey. 1 fr.

1410. BOUBÉE-COTTRAU. — **Des Chemins de fer économiques** en général, de leur application particulière en Italie, et du système de locomotion mixte Cottrau. In-8 avec planches. 1 fr. 50

1411. BOUCHARD-HUZARD. — Traité des **constructions rurales** et de leur disposition, ou des maisons d'habitation à l'usage des cultivateurs, etc. 2ᵉ *édition,* 1ʳᵉ partie. In-8, 264 p. et 94 pl. Paris, imp. Vᵉ Bouchard-Huzard. L'ouvrage complet. 25 fr.

1412. BOURRET, agent-voyer. — Tables pour le **tracé des courbes** de raccordement en arc de cercle, sans calcul, sans connaitre le rayon ni l'angle des alignements, avec le choix d'opérer sur la corde ou sur les tangentes. Petit in-8, 318 p. avec fig. Valréas, imp. Gauthier. 4 fr.

1413. BRIOT. — Théorie mécanique de la **chaleur.** In-8, XII-352 p. Paris, imp. Gauthier-Villars. 7 fr. 50 c.

1414. — BROISE. **Album encyclopédique des chemins de fer.** 40ᵉ livraison. Pl. 469 à 480. Paris, autog. par Broise ; E. Lacroix. 4 fr.

1415. BUQUET. — Nouveau **toueur-remorqueur,** In-8, 11 p. Saint-Nicolas (Meurthe), imp. Lacroix.

1416. BURAT. — **Géologie appliquée.** Traité du gisement et de la recherche des minéraux utiles. 5ᵉ *édition.* 1ʳᵉ partie. Géologie pratique, In-8, 542 p., vign. et 8 pl. Paris, imp. P. Dupont. 12 fr.

1417. BUREL. —**Manuel de tissage.** In-18, VIII-280 p. Paris, imp. Saillard. 5 fr.

C

1418. Carbonnier. — **L'Ecrevisse**, mœurs, reproduction, éducation. In-18 jésus, viii-199 p. Paris, imp. P. Dupont. 2 fr.

1419. Carcenac. — Des **textiles végétaux** et des laines en Italie, en Espagne et en Portugal. In-8, 162 p. Paris, imp. Lahure.

1420. — **Carnet (Nouveau) Anthonis**, ou tables pour le commerce des grains entre la Belgique, la France, l'Angleterre, la Hollande, et *vice versâ*. — Ainsi que de Hambourg pour la Belgique, la France et la Hollande dans leurs monnaies et poids respectifs. 1 vol. in-18 cartonné. Anvers, imp. J.-E Buschmann, 1870. 20 fr.

1421. — Castagné. Manuel pratique de la **culture du tabac** dans le département des Landes. In-16, 86 p. Dax, imp. Campion. 2 fr.

1422. — Castarède-Labarthe. (Le Docteur). — Du **chauffage** et de la **ventilation** des habitations privées. Ouvrage accompagné de 8 pl. gravées. In-8ᵒ, 235 p. Paris, imp. Parent.

1423. Champion, professeur de chimie. — **Industries anciennes et modernes de l'empire chinois**, d'après des notices traduites du chinois, par M. Stanislas Julien, membre de l'Institut, et accompagnées de notices industrielles et scientifiques. In-8, xv-254 p. et 13 pl. Paris, imp. Claye. 6 fr. 50

1424. Chasteigner (de), propriétaire de vignobles. — Les **vins de Bordeaux**, guide pratique des gens du monde pour le choix, l'usage et la conservation des vins de table ; 2ᵉ *édition*. In-18, 69 p. Bordeaux, imp. Delmas. 1 fr.

1425. Chatin. — **La Truffe**, étude des conditions générales de la production truffière. In-18 jésus, 202 p. et 2 pl. Paris, imp. vᵉ Bouchard-Huzard. 3 fr.

1426. Chauveau des Roches, ingénieur en chef des chemins de fer de la Ferté-sous-Jouarre à Montmirail, etc. — Voies de communication intérieures, législation nouvelle. **Chemin de fer d'intérêt local**. In-8, 67 p. Saint-Nicolas-de-Port (Meurthe), imp. Lacroix. 2 fr.

1427. Collection de dessins à l'usage des écoles primaires et professionnelles :

1ᵒ Etudes pour l'enseignement du paysage, 6 cahiers de chacun 6 planches à 2 fr. 50   15 fr.

2ᵒ Lettres ornées, 12 cahiers de chacun 6 planches à 1 fr. 50.   18 fr.

3ᵒ Devises vignettes et allégories, pour peintres, décorateurs, graveurs, lithographes, etc., 7 cahiers de chacun 6 pl. à 3 fr.   21 fr.

4ᵒ Album d'ornements, 6 cahiers de chacun 6 pl. à 1 fr. 50   9 fr.

5ᵒ Album d'étiquettes, 7 cahiers de chacun 6 pl. à 2 fr. 50   17 fr. 50

6ᵒ Ecritures renversées à l'usage des lithographes. 2 cahiers à 1 fr. 50   3 fr.

7ᵒ Groupes d'enfants. 1 cahier de 6 pl.   5 fr.

8ᵒ Formes originaires des caractères les plus en usage. 1 cahier de 6 pl. 1 fr. 50

9ᵒ Monogrammes. 10 cahiers de chacun 6 pl. à 1 fr. 50   15 fr.

Nous mettons aujourd'hui en vente les premiers cahiers de ces neuf séries d'album ; d'autres cahiers sont sous presse. Les planches sont dessinées et gravées avec le plus grand soin.

1428 Collignon, ingénieur des ponts et chaussées. — **Cours de mécanique appliquée aux constructions**, 1ʳᵉ partie. Résistance des matériaux. In-8, vii-647 p. et 5 pl. Paris, imp. Cusset et Cⁱᵉ. 9 fr.

1429. Cordier. — Champignons de France, vignettes et 60 chromolithogr. 1ʳᵉ livraison. In-8, xii-251 pages. Paris, imp. Lainé. 50 fr.

D

1430. Delacroix et Berthaut. — Le nouveau et parfait **maréchal expert**. In-12, 192 p. Clichy, imp. Loignon. 2 fr.

1431. Delchevalerie. — Les **Orchidées**, culture, propagation, nomenclature. In-18 jésus, 157 p. Orléans, imp. Jacob. 1 fr. 25

1432. Delvigne. — Notice sur la **Construction et l'emploi** des canons et des flèches porte-amarres. In-8, 24 p. Paris, imp. Jannin. 1 fr. 25

1433. Description des **machines** et procédés pour lesquels des brevets d'invention ont été pris sous le régime de la loi du 5 juillet 1844. T. 67. In-4 à 2 col., 459 p. et 54 pl. Paris, imp. impériale 40 fr.

1434. Description des **machines** et procédés pour lesquels des brevets d'invention ont été pris sous le régime de la loi du 5 juillet 1844, publiée par les ordres de M. le ministre de l'agriculture et du commerce. T. 68. In-4, 487 pages et 44 pl. Paris, imp. impériale. 40 fr.

1435. Desjardins, ex-inspecteur voyer. — Revue des diverses **méthodes de qua-**

drature en usage, accompagnée des moyens de contrôle des mesures levées au graphomètre ou à l'équerre; et Précis des formules employées au métrage de toutes les surfaces planes, suivi d'un procédé de détermination des aires des figures levées au mètre ou au ruban sans le secours d'aucun autre instrument. In-8, 71 p. et planches. Noyon, imp. Audrieux.

1436. Différentes méthodes de cultiver le **champignon**. Petit in-8, 54 p. Valenciennes imp. Prignet.

1437. Douliot. — **Coupe des pierres.** 2e *édition.* Texte In-4, viii-559 p. Abbeville, imp. Briez. 30 fr.

1438. Dronne. — **Charcuterie ancienne et moderne.** Traité historique et pratique renfermant tous les préceptes qui se rattachent à la charcuterie proprement dite et à la charcuterie-cuisine; suivi des lois, ordonnances, règlements et statuts concernant cette profession, avec gravures et dessins. In-8, x-375 p. Paris, imp. de Mourgues frères 8 fr.

1439. Dumas. — Nouveau manuel des **commerçants en spiritueux.** In-12, 27 p. et 1 tableau. Paris, imp. Meyrueis.

1440. Dupuis. — **Arbres d'ornement** de pleine terre, 40 gravures in-18 jésus, 162 p. Abbeville, imp. Briez. 1 fr. 25

E

1441. Eloffe. — L'**Ortie**, ses propriétés alimentaires, médicales, agricoles et industrielles. In-16, 111 p. Paris, imp. Donnaud. 1 fr. 50 c.

F

1442. Ferrand. — Les **Fans-de-Fer**. In-8, 24 p. Paris, imp. Rouge frères et Cie.

G

1443. Gagnat. — Observations générales sur les causes de la **maladie des vers à soie** soumises à la Société impériale d'agriculture de Lyon. In-8, 16 p. Lyon, imp. Pitrat.

1444. Galland. — Applications hygiéniques des différents procédés de **chauffage et de ventilation.** In-8, 66 p. Paris, imp. Martinet. 1 fr. 50

1445. Gautnier. — Nouveau mode de **culture de l'asperge et du fraisier.** In-8, 8 p. Guebwiller, imp. Jung.

1446. Gobin. — Guide pratique d'agriculture générale, par A. Gobin, professeur de zootechnie. In-18 jésus. x-448 p. Saint-Nicolas-de-Port, imp. et librairie E. Lacroix. 4 fr.
Bibliothèque des professions industrielles et agricoles.

1447. Greff. — La Fermière. Notions élémentaires **d'économie domestique agricole.** 5e *édition.* In-18, 144 p. Metz, imp. Thomas. 60 c.

1448. Grimard, agent-voyer — **Tabliers métalliques dallés.** Note sur l'emploi des poutres droites en tôle de fer et du rail Barlow à la construction des tabliers de pont, pour ouvertures de 2 à 10 mètres, à établir sur les chemins vicinaux. In-8, viii-88 p. et 6 planches. Agen, imp. Noubel.

1449. Gruner, inspecteur général des mines. — Etudes sur l'acier. Examen du procédé Heaton. In-8, 104 p. et 3 pl. Paris, imp. Cusset et Cie. 4 fr.

1450. Guyot. — **Culture de la vigne et** vinification, 2e *édition.* In-18 jésus, viii-422 p. Paris, imp. Cusset et Cie. 3 fr. 50

H

1451. Hittorf. — **Chemins de fer.** Machines locomotives, application de la chaleur directe du foyer au séchage et au surchauffage de la vapeur. In-8, 15 p. 2 pl. Paris, imp. P. Dupont.

1452. Houdoy. — Histoire de la **céramique lilloise,** précédée de documents inédits constatant la fabrication de carreaux peints et émaillés en Flandre et en Artois au xive siècle. Gr. in-8, xi-474 p. et pl. Lille, imp. Danel. 15 fr.
Papier vergé. — Titre rouge et noir.

1453. Huzard. — Manuel du petit **éleveur de poulains** dans le Perche. In-18, 165 p. Paris, imp. Huzard. 2 fr.

J

1454. Joigneaux. — **Causeries sur l'agriculture** et l'horticulture, 2e *édition.* In-18 jésus, 407 p. 27 fig. Abbeville, imp. Briez. 3 fr. 50

K

1455. KIEN. — Les **Machines à parer** et les **encolleuses** pour tissage mécanique de coton. In-8, 15 p. Saint-Nicolas (Meurthe), imp. E. Lacroix

Extrait de l'Annuaire 1867 de la Société des anciens élèves des écoles impériales d'arts et métiers.   10 fr.

L

1456. LABROUCHE (Félix). — De l'utilisation de l'engrais urbain. In-8, 8 p. Saint-Nicolas (Meurthe), imp. et lib. E. Lacroix.   1 fr.

— **Enquête agricole.** Aperçus sur les documents recueillis à l'étranger. Etude. In-16, 16 p. Bayonne, imp. Lamaignère.   1 fr. 50

—Chemins de fer. D'une **réforme** du matériel roulant. In-16, 16 p. Bayonne, imp. Lamaignère.   1 fr. 50 c.

1457. LAGRENÉ (de). — Cours de navigation intérieure. **Fleuves et rivières.** T. I, In-4, VIII-163 p. Abbeville imp. Briez.   12 fr. 50

1458. LE CHATELIER, ingénieur en chef des mines. — Chemin de fer. Supplément au mémoire sur la **marche à contre-vapeur** des machines locomotives. In-8, 144 p. Paris, imp. Martinet.   3 fr.

1459. LEDUC. — La Rotative américaine **Behrens.** In-4, 76 p. Paris, imp. Raçon et Cⁱᵉ.   7 fr. 50

1460. LEFEUVRE. — Nouveau manuel de **cubage des bois de sciage,** pour servir au mesurage de toutes les espèces de bois sciés se vendant ordinairement au mètre cube, et particulièrement des bois de chêne, bordages, madriers, planches, etc. (45000) cubes exprimés en stères, décistères, centistères, millistères et dix-millistères. Ouvrage comprenant les divers modes de cubage en usage en France. In-4, 89 p. Le Havre, imp. Foucher.   2 fr. 25

1461. LEFRAME, ingénieur des ponts et et chaussées. — Mémoire sur l'envasement et le dévasement du **port de Saint-Nazaire.** In-8, 40 p. et 2 pl. Paris, imp. Cusset et Cⁱᵉ.   2 fr.

Annales des ponts et chaussées, t. 18, 1869.

1462. LEMAIRE. — Traité complet de la **fabrication du sucre candi** et de la concrétion des sirops épuisés par un procédé qui a pour but de tirer parti de tout le sucre sans laisser après le travail ni un atôme de sirop ni un atôme de mélasse. In-8, 36 p. Avesne, imp. Dubois-Viroux.

1463. LEMONNIER, maître de forges. — Coup d'œil sur la **métallurgie du fer** dans l'est et le sud-est de la France. In-8, 235 p. et 5 pl., dont une carte en couleur. Saint-Nicolas-de-Port, imp. et lib. E. Lacroix; Paris, même maison. 20 fr.
Tiré à cent exemplaires.

1464. LEPRINCE, ingénieur hydraulicien. — Applications **hydrauliques** nouvelles en Suisse. In-8, 11 p. et pl. Saint-Nicolas (Meurthe), imp. E. Lacroix.

Annuaire de la Société des anciens élèves des écoles impériales d'arts et métiers.   10 fr.

1465. LEVEL. — De la construction et de l'exploitation des **chemins de fer** d'intérêt local. In-8, 8 p. Paris, imp. Cusset et Cⁱᵉ.   10 f .

1466. Loi sur la **police des chemins de fer** du 15 juillet 1845, suivie de l'ordonnance du 15 novembre 1846 et des extraits d'arrêtés du ministre des travaux publics, des notes, décisions et circulaires des ministres de la guerre et de la justice, concernant le transport des chevaux, des bagages et des militaires isolés, les escortes de poudres et de prisonniers, les indemnités dues pour ces escortes. In-8, 40 p. Paris, imp. Léautey.

1467. LUKOMSKI et PÉRIN. — **Police** des constructions. Hauteur des constructions, hauteur des étages, combles et lucarnes. In-18 jésus, VII-191 p. Paris, imp. Rouge frères.   2 fr. 50

M

1468. MABILLE. — Le **Propriétaire paysagiste,** ou manuel d'horticulture, d'arboriculture fruitière et forestière, d'anatomie et de physiologie végétales, de l'ornementation des parcs et jardins, etc., avec plans et vignettes. In-18 jésus 568 p. Orléans, imp. Chenu.   5 fr.

1469. MAGNE, directeur de l'Ecole impériale d'Alfort. — **Hygiène vétérinaire appliquée.** Races chevalines, leur amélioration. Entretien, multiplication, élevage, éducation du cheval, de l'âne et du mulet, précédé des principes généraux de l'amélioration des animaux domestiques. 3e *édition*. In-18 jésus, iv-658 p. Paris, imp. Raçon et Cie   8 fr.

— Races bovines, leur amélioration. Entretien, multiplication, élevage, engraissement du bœuf. 3e *édition*. In-18 jésus, iii-412. p. Paris, imp. Raçon et Cie. 5 fr.

1470. MALINGRE. — Culture de la **reine-marguerite**. In-18 jésus, 23 p. Evreux, imp. Hérissey.

1471. MARQFOY. — De l'exécution des **chemins de fer** départementaux par l'Etat. In-8, 59 p. Paris, imp. P. Dupont.

1472. MATTHEY, ingénieur. — **Machines d'extraction**. Résolution des différents problèmes qui ont rapport à l'établissement de ces machines. In-8°, 21 p. Saint-Nicolas (Meurthe), imp. E. Lacroix.

Annuaire de la Société des anciens élèves des écoles impériales d'arts et métiers.   10 fr.

1473. **Menuiserie**. Série des prix applicables aux travaux exécutés par les ouvriers à façon, établie par la Commission mixte des entrepreneurs et des marchandeurs de la ville de Paris. In-4, 32 p. et pl. Paris, imp. Guérin.   3 fr. 50

1474. MOINEL (Ch.). — **Des prairies irriguées** et de leur établissement. in-8. 96 pages Epinal, typ. et lith. Pellerin et Cie.   1 fr.

1475. MONBRO. — Machine à mouler les **roues d'engrenages**, brevetée s. g. d. g. In-8, 7 p. Saint-Nicolas (Meurthe), imp. E. Lacroix.

Bulletin mensuel de la Société des anciens élèves des écoles impériales d'arts et métiers, le Bulletin n'est pas livré au commerce.

1476. MUNIER. — Nouveau **Guide de l'imprimerie**, de la librairie et de la papeterie, indispensable aux auteurs, éditeurs, libraires, ouvriers d'imprimerie, brocheurs, relieurs, etc., indiquant le poids, la qualité, le format des papiers, la composition des volumes et les signes de correction. In-16, 44 p. Paris, imp. Claye.   1 fr.

N

1477. Note sur l'**utilisation des routes** à l'établissement de chemins de fer économiques. In-8, 28 p. Lyon, imp. v^e Rougier et fils.

O

1478. ORTOLAN. — **Guide pratique de l'ouvrier mécanicien**, par M. A. Ortolan, mécanicien en chef de la flotte, avec la collaboration de MM. Bonnefoy, Cochez, Dinée, Gibert, Guipont, Juhel, mécaniciens de la marine., petit in-4°. Avec un atlas de 52 pl. 1 volume in-18 jésus, x-627 p. et nombreuses fig. dans le texte, Corbeil, imp. Crété fils. 12 fr.

Bibliothèque des professions industrielles et agricoles.

P

1479. PARIS (l'amiral). — **L'Art naval** à l'Exposition universelle de Paris en 1867. In-8, vii-1293 p. 50 pl. et 2 tableaux. Paris, imp. Cusset et Cie.   16 fr.

1480. PELLETIER. — **Petit Dictionnaire d'entomologie**. In-18, 177 p. Blois, imp. Lecesne.

1481. PHILIPPAR. — **L' cide carbonique** considéré dans ses rapports avec l'agriculture. In-8, 42 pages. Paris, imp. Bouchard-Huzard.   1 fr. 50 c.

1482. PRESLE (de). — Traité de **mécanique rationnelle**. In-8, xii-252 p. Paris, imp. Gauthier-Villars.   5 fr.

R

1483. REBOUT et NORMAND. — **Etudes d'ombres et de lavis** appliquées aux ordres d'architecture, ou vignole ombré, par A.-E.-M. Rebout, architecte, et Normand aîné, membre de la Société libre des beaux-arts de Paris. *Nouvelle édition*. In-folio à 2 col., 11 p. et 15 pl. Saint-Nicolas-de-Port, imp. Lacroix. 18 fr.

Publications scientifiques, industrielles et agricoles d'Eug. Lacroix.

1484. REECH et LECLERT. — **Théorie des** machines motrices et des **effets mécaniques de la chaleur**, leçons faites à la Sorbonne; par M. Reech, directeur de l'Ecole impériale d'application du génie maritime, recueillies et rédigées par M. Emile Leclert, professeur à la même école. In-8, 189 p. Paris, imp. P. Dupont.   5 fr.

Publications scientifiques-industrielles de E. Lacroix.

1485. REGNAULD. — Traité pratique de la

construction des ponts et viaducs métalliques. In-8, 585 p. et atlas de 33 pl. Paris, imp. Cusset et Cie.   25 fr.

1486. **Renseignements utiles pour les chauffeurs et les mécaniciens :** 1° Décret concernant la fabrication et l'établissement des machines à vapeur, précédé d'un Rapport adressé à S. M. l'Empereur par S. Exc. le ministre de l'agriculture, du commerce et des travaux publics ; 2° Notions sur la combustion et la conduite du feu, sur les règles à suivre dans le chauffage des chaudières au point de vue de la sécurité ; sur la conduite des machines à vapeur et les opérations les plus importantes de leur montage. In-8, 56 p. Saint-Nicolas (Meurthe), imp. E. Lacroix.   3 fr. 50

Publications scientifiques industrielles de E. Lacroix.

1487. Riche, ingénieur. — Tables des moments de **rupture des poutres en fer**

en forme de double T. In-8, ix-59 p. Maubeuge, imp. Beugnies.   6 fr.

1488. Rinduc, ingénieur des ponts et chaussées. — Notice sur le **tube d'inversion** ou la machine locomotive transformée en générateur de chaleur pour produire l'arrêt des trains. In-8, xv-84 p. et 1 pl. Paris, imp. Cusset et Cie.   3 fr.

1489. — Notice sur l'emploi régulier de la **contre-vapeur** pour modérer la vitesse et produire l'arrêt des trains. In-8, 19 p. Douai, imp. Crépin.   2 fr. 50

1490. Ronna. — **Emploi des eaux d'égout** en agriculture. In-8, 22 p. Nancy, imp. Raybois.   50 c.

1491. Rosset, lieutenant du génie. — Note sur la **réparation militaire des ponts** et particulièrement des ponts de chemins de fer, par les armées en campagne. In-8, xii-145 p. Abbeville, imp. Briez.   7 fr. 50

S

1492. Sanson. — Notions usuelles de **médecine vétérinaire.** 2e *édition.* In-18 jésus, 169 pages, Orléans, imp. Jacob.   1 fr. 25

1493. Sautereau, ingénieur civil. — Les **Chemins de fer d'intérêt local.** Réseau romorantinois. In-4, 29 p. et carte. Tours, imp. Mazereau.

1494. Sergent, ingénieur civil. — **Traité pratique et complet du jaugeage des vaisseaux** de toutes espèces, tels que bacs, cuves, citernes prismatiques, de

chaudières, de forme demi-sphérique, avec 3 planches. In-8, 63 p. Saint-Nicolas (Meurthe), imp. E. Lacroix.

Cet ouvrage n'a pas été livré au commerce.

1495. Statistique centrale des chemins de fer. **Chemins de fer français** au 31 décembre 1868. Ministère de l'agriculture, du commerce et des travaux publics. Direction générale des ponts et chaussées et des chemins de fer. In-4, 281 p. et 1 carte. Paris, imp. impériale.

T

1496. Ternant. — Manuel pratique de **télégraphie sous-marine.** Construction, pose, entretien et exploitation des câbles sous-marins, etc., à l'usage des électriciens constructeurs, des employés du télégraphe et des actionnaires de compagnies télégraphiques sous-marines. Avec planches, tables et figures dans le texte. In-12, xi-226 p. Rouen, imp. Cagniard.   3 fr. 50

1497. Thomas et Gastellier. — Le Carnet du **peintre en voitures.** In-4, 22 p. Paris, imp. Lainé.

Tommasi, ingénieur. — Le **Flux-moteur** ou la **Marée** employée comme force motrice à n'importe quelle distance de la mer. In-8, 34 p. et fig. Saint-Nicolas-de-Port, imp. E. Lacroix ; Paris même maison.   4 fr.

Publications scientifiques-industrielles

de E. Lacroix. (Extrait des *Annales du Génie civil.*

1499. Traité élémentaire de **botanique**, par M. L. de G... 3e *édition.* In-18, xiv, 234 p. 27 pl. Paris, imp. Parent.   6 fr.

1500. **Transformation de la basse Loire.** Avant-projet. Rapport de M. Lechalas, ingénieur en chef des ponts et chaussées. 1 vol. in-4, 124 p., 27 p. de notes, 1 pl.   10 fr.

Table des matières.

Introduction, i à xviii. — Bases de l'avant-projet. — Loire fluviale. — Loire maritime. — Les précédents. — Les analogies. — Solution proposée. — Les sables et les vases. — Les ponts et la traverse de 2 routes. — Tracé des digues. — Résumé. — Notes. — A, première proportion. — B, Seine et Garonne. — C, les formules. — D, la lame.

V

1501. Vanalphen. — **Manuel calculateur
du poids des métaux employés dans
les constructions**, par Vanalphen, mé-
treur–vérificateur spécial de serrurerie.
Avec un appendice. In-12, x-86 p. et
2 pl. Saint-Nicolas-de-Port , imp. E.
Lacroix.   4 fr.

Bibliothèque des professions industrielles et agricoles.

1502. Van Peteghem (L.-J.). — Histoire de
l'enseignement de l'art du dessin
depuis les temps les plus reculés jusqu'à
nos jours. 2e *édition* considérablement
augmentée. Bruxelles, in-4, 172 p., 8 pl.
dans le texte. Analyse comparée de plus
de 500 méthodes.   6 fr.

1503. Vaussenat, ingénieur civil. — **Travail et travailleurs.** Simples notes,
rapprochements et déductions. In-8, ix-
216 p. Bagnères-de-Bigorre, imp. Péré.
                                      3 fr.

Z

1504. Zeuner, professeur à l'école polytechnique fédérale de Zurich. — Traité des
distributions par tiroirs dans les machines à vapeur fixes et les locomotives. Avec
54 fig. dans le texte et 5 pl. gravées. Traduit sur la 3e édition allemande. In-8, 260 p.
Abbeville, imp. Briez.   9 fr.

BIBLIOGRAPHIE ÉTRANGÈRE

Greenwell. — A pratical treatise on mine
engineering. (Trajté pratique de l'art de
l'ingénieur des mines). 2e *édition*. Sera
publié en 16 livraisons mensuelles de
4 fr. chacune. Chaque livraison contient
12 p. de texte et quatre illustrations li-
thographiées imprimées en couleur.

Macquorn Rankine. — The cyclopadia of
machine and hand tools, a series of plans,
sections and elevations of the most ap-
proved tools for Working in iron, wood
and other materials, with descriptive lit-
terpress ; and a brief skech of the ma-
nufacturer of iron and steel, illustratid
by engrovings of the machinerg em-
ployed with examples of forgings drawn
te scale, and on essay of the strength of
materials, with numerons usefal tables,
etc. L'encyclopédie des outils (outils pour
machines et outils à la main) pour travailler le fer, le bois et d'autres matériaux, avec le texte descriptif ; avec une
esquisse rapide de la fabrication du fer
et de l'acier, illustrée de gravures représentant les machines employées avec des
exemples dessinés à l'échelle, et en plus
un essai sur la résistance des matériaux,
par M. Marquorn Rankine, professeur de
Génie civil, etc., à l'université de Glas-
gow. 1 vol. in-4, relié en maroquin, de
150 p. d'impression et de 50 p. de
gravure sur cuivre, avec texte explicatif.
                                      80 fr.

Spons'-Dictionnary of engeneering civil,
mechanical, military et naval, with tech-
nical terms in french, german, italian
et spanish. (Dictionnaire de l'ingénieur
civil, mécanicien, militaire et naval avec
les termes techniques en français, alle-
mand, italien et espagnol). 11e livraison
des lettres Be aux lettres Bl. Prix de la
livraison 1 fr. 25. Parmi les articles
que contient cette livraison nous avons
remarqué la suite des courroies, le bis-
muth, les fourneaux à courant d'air
forcé, etc.

— 12e livraison de Bl à Bo, 1 fr. 25 c. Nous
y remarquons la suite de l'article four-
neau à courant d'air forcé ; la machine à
cingler ; la machine soufflante ; la section verticale dans les constructions navales. (La 12e livraison termine la 1re di-
vision du Dictionnaire qui aura 60 livraisons). Prix du 1er volume relié en per-
caline anglaise.   20 fr.

Reed. — Shipbuilding in iron an steel, a
pratical treatise, giving full détails of
construction, processes of manufacture,
and building arrangements ; with résults
of experiments on iron and steel, and on
the strength and watertightness of rive-
ted work. In-8, xxvii-540 p. Constructions
navales en fer et en acier, traité pratique
donnant des détails complets sur la
construction, les procédés de manufactures, les appareils avec les résultats
d'expériences sur le fer et l'acier, etc.

Luvini Giovanni. — **La Piccola Fisica,**
per le scuole elementari maschili e fem-
minili. 1 vol. in-18, 184 p. et fig. Torino,
1869, tipografia Arnaldi.   2 fr. 50

CHRONIQUE

Étude sur l'Industrie de l'Empire Chinois.

L'industrie des Chinois était arrivée au degré de développement qu'on lui connaît aujourd'hui dès le XVIe siècle, c'est-à-dire à l'époque où les Portugais obtinrent la permission de se livrer au commerce à Macao. La perfection admirable avec laquelle les Chinois exercent certaines industries, l'ancienneté de leurs procédés dont l'origine se perd dans la nuit des temps, le peu de documents qu'on possède sur l'état des sciences industrielles du Céleste Empire, tout cela donne à l'ouvrage de MM. Stanislas Julien et Paul Champion un intérêt tout particulier [1]. Les auteurs réunissent toutes les conditions pour une œuvre semblable, M. Stanislas Julien, de l'Institut, est une de ces individualités marquantes, c'est lui qui s'est chargé de la traduction du texte chinois. M. Champion est un ancien délégué de la Société d'acclimatation en Chine et au Japon, il est professeur de chimie à l'Association polytechnique de Paris et chimiste-préparateur attaché au Conservatoire des arts et métiers et au laboratoire de l'École centrale des arts et manufactures.

Le livre de MM. Julien et Champion est un résumé de l'encyclopédie manufacturière de la Chine. On y traite des combustibles : houille, charbon de bois, lignite, tourbe et huile de pétrole. On connaît en Chine l'huile de pétrole depuis des siècles et on s'en sert au chauffage et à l'éclairage ; on y connaît l'action corrosive et dissolvante du pétrole et les Chinois recommandent de transporter ce liquide dans des vases de verre ou de porcelaine.

Le chlorure de sodium qu'on extrait de la mer, des étangs, des puits, de la terre, des sels de rivages et enfin à l'état de sel gemme ; la chaux, le soufre, le talc, le salpêtre, la poudre à canon, le verre, les émaux, les couleurs minérales, l'industrie des aluns, la métallurgie, les alliages, la fabrication des gongs ou tams-tams, la teinture, la fabrication du vert de Chine, la préparation de la gélatine, les vernis, les laques, les huiles, etc., tout cela est passé en revue avec une grande précision.

Les auteurs ont traité avec plus de soin certaines industries ; nous citerons la fabrication des bougies qui jouent un si grand rôle dans toutes les cérémonies de l'extrême Orient, la fabrication de l'encre de Chine, celle du papier et l'industrie de la soie.

L'encre de Chine est encore le monopole des Chinois, les produits européens n'ont pas rivalisé avec eux jusqu'ici. Ce n'est cependant pas une industrie des plus anciennes de l'Empire du Milieu ; elle date à peine du Ve siècle ; c'est déjà un âge respectable, mais en Chine c'est presque moderne. M. Stanislas Julien publie différents textes et M. Champion y ajoute ses observations personnelles.

La fabrication du papier remonte aux premières années de notre ère ; elle a subi diverses transformations et présente un haut degré de perfection.

Elle se rapproche beaucoup de notre fabrication du papier à la cuve. Le blanchiment de la pâte s'y fait à l'aide de divers procédés ; il en est un qui probablement n'est autre qu'un blanchiment au chlore. Les Chinois font un grand usage du papier, outre les applications ordinaires de ce produit, ils l'utilisent pour les carreaux des fenêtres, pour confectionner des parapluies et des parasols, pour allumer le feu, remplacer les allumettes, et pour une foule d'autres usages. La serviette et le mouchoir de papier sont utilisés dans toute

---

[1] *Les Industries anciennes et modernes de l'Empire chinois*, par MM. Stanislas Julien et Paul Champion. Paris 1869, imprimerie Claye, 1 volume in-8°. 6 fr. 50.

l'étendue de la Chine. Les succédanés du chiffon y sont employés depuis plus de dix-huit siècles ; l'écorce de bambou, l'écorce de *Broussonnetia*, les algues, une foule de fibres végétales sont mises à profit dans l'industrie de la papeterie en Chine.

Nous n'en finirions pas s'il fallait citer tout ce que révèle l'ouvrage dont nous essayons de donner une analyse ; on est frappé d'étonnement en présence de cette somme immense de connaissances variées que possèdent les habitants du Céleste-Empire. Ils connaissent et pratiquent la pisciculture depuis des siècles ; l'agriculture y est poussée à un tel point de perfection qu'elle est digne à tous égards de fixer notre attention. Le voyageur qui parcourt les campagnes du Céleste-Empire est frappé de la bonne disposition des cultures, de l'agencement des champs, du soin apporté à leur amélioration, des procédés ingénieux au moyen desquels on s'efforce de faire prospérer les plantes utiles et surtout des méthodes admirables d'irrigations qui sont usitées. L'agriculteur chinois fournit toujours à ses champs l'eau qui leur est nécessaire, et, quelle que soit la distance qui le sépare des sources et des fleuves, il ne manque pas d'amener dans ses cultures ce précieux élément de richesse et de fécondité.

Si les Chinois ne possèdent pas de connaissances scientifiques aussi étendues que les nôtres, ils y suppléent par une grande intelligence, un rare esprit d'observation et une pratique admirable. Ils modifient le fumier suivant la terre et l'espèce de culture qu'ils ont en vue ; ils utilisent les matières fécales qu'ils recueillent avec soin et transportent à de grandes distances; ils préparent des engrais artificiels et ont devancé les Européens dans la fabrication des engrais chimiques. C'est grâce à cet admirable développement de l'agriculture que l'Empire chinois peut subvenir à l'alimentation d'une population immense.

La fabrication du fromage de pois en Chine et au Japon est pleine d'intérêt; c'est encore là une industrie que nous pourrions emprunter à l'Orient. C'est une nourriture saine, fortifiante et même, préparé de certaine façon, le fromage de pois est un mets très-délicat.

L'ouvrage de MM. Julien et Champion donne une longue série de renseignements très-intéressants sur les miroirs magiques des Chinois. Lorsqu'on place un de ces miroirs en face du soleil et qu'on fait refléter, sur un mur très-rapproché, l'image de son disque, on y voit apparaître des caractères ou des images.

Un miroir de ce genre existe entre les mains de M. le marquis de La Grange, membre de l'Académie des inscriptions et belles-lettres de France. M. Stanislas Julien a expliqué ces curieux phénomènes, le travail du savant professeur a complétement élucidé cette question qui a si longtemps embarrassé le monde scientifique.

Les *Industries anciennes et modernes de l'Empire chinois* prendront place dans toutes les bibliothèques ; cet excellent livre s'adresse non-seulement aux savants, aux industriels, mais à tous ceux qui s'intéressent aux travaux de la pensée. Les planches qui accompagnent l'ouvrage sont des *fac-simile* des gravures chinoises ; elles contribuent à augmenter encore l'intérêt du texte, elles nous font en quelque sorte assister aux travaux mêmes qui y sont décrits.

Henri BERGÉ.

Essai sur les discours de Machiavel avec les considérations de Guicciardini

Par Victor POIREL[1]

Nous laissons parler l'Auteur :

« En 1848, je m'étais mis à relire les Discours de Machiavel sur Tite-Live. Après le renversement d'une monarchie et l'établissement d'une république, ils devenaient un ouvrage de circonstance où l'auteur, pilote expérimenté non moins qu'habile manœuvrier, donne toutes les instructions à suivre en pareille conjoncture pour mettre le navire à flot, le gouverner à travers les écueils et le conduire à bon port. Afin de mieux fixer mes idées, je jetai sur le papier les réflexions qui me venaient à l'esprit et, réunissant ces notes éparses, j'en composai une série d'études relatives aux Discours, à ceux entre autres qui présentaient plus particulièrement un intérêt d'actualité.

« Plus tard, en 1857, me trouvant à Florence, au moment où parut le premier volume des œuvres inédites de Guicciardini, dans lequel se trouvent des *Considérations relatives aux Discours*, j'eus la satisfaction de constater qu'elles s'appliquaient, en très-grande partie, aux mêmes chapitres que j'avais choisis entre les trente premiers, pour les analyser et les commenter. Amené par cette coïncidence à revoir mon travail, je me décide aujourd'hui, après y avoir opéré quelques additions et remaniements, à le livrer au public. Il s'adresse surtout à la jeunesse instruite, laborieuse, sérieusement préoccupée de se préparer à remplir les devoirs qui l'attendent dans la vie civile et politique. Je me suis proposé de l'initier à l'étude de l'un des ouvrages sans contredit les mieux appropriés à ce but, de lui faire connaître un écrivain d'un admirable génie, avec la précaution toutefois de la prémunir contre les doctrines dangereuses, corruptrices, puisées dans le milieu et dans le temps où il vivait. Dégagés de cet élément délétère, les Discours deviennent pour l'esprit une nourriture aussi saine que fortifiante. »

Nous donnons ici le sommaire de quelques chapitres : — Le peuple et et l'aristocratie. — De la calomnie. — De la tyrannie. — Du pouvoir absolu. — De la raison d'État. — Le peuple. — De l'élection. — De l'hérédité. — Les princes usurpateurs. — De la liberté et du despotisme; etc., etc.

Ce livre sort du cadre qui fait l'objet de nos recherches bibliographiques, mais son auteur, ancien ingénieur en chef des ponts et chaussées, a su jadis se faire connaître par d'excellents ouvrages aujourd'hui devenus rares, et ce travail présente un intérêt assez général pour que chacun veuille le lire.

[1] Saint-Nicoles-de-Port, imprimerie de E. Lacroix. — Nancy, librairie Gonet; Paris, librairie Lacroix, 54, rue des Saints-Pères. Prix, 7 fr. 50.

Le Propriétaire-Gérant : Eugène LACROIX

Imprimerie Polytechnique de E. Lacroix, à Saint-Nicolas (Meurthe).

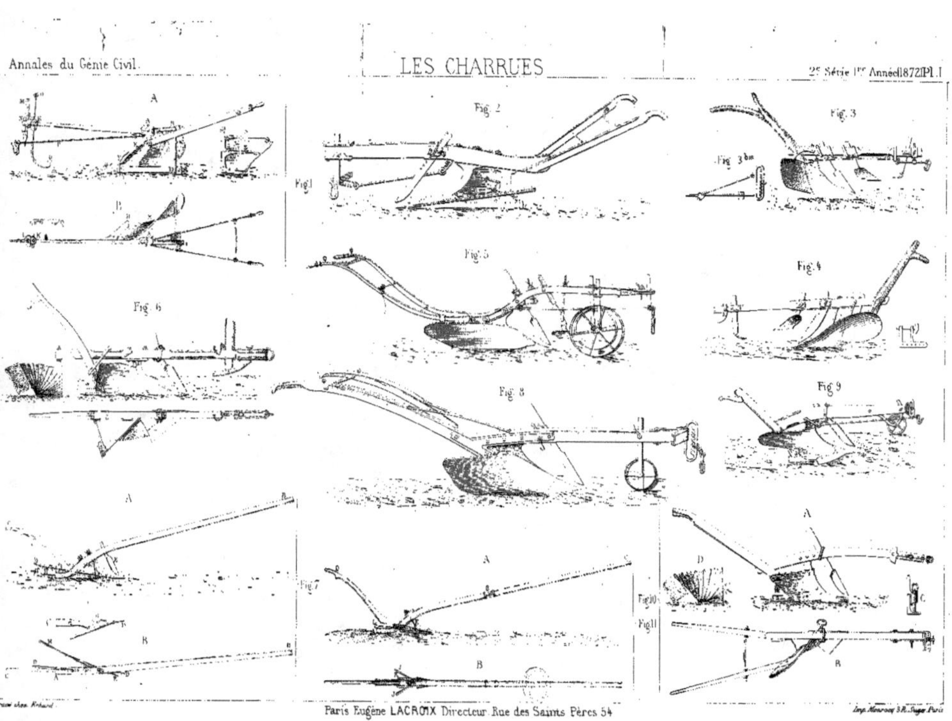

Gravé chez Richard   Paris Eugène LACROIX Directeur Rue des Saints Pères 54   Imp. Monrocq 3 R. Suger Paris

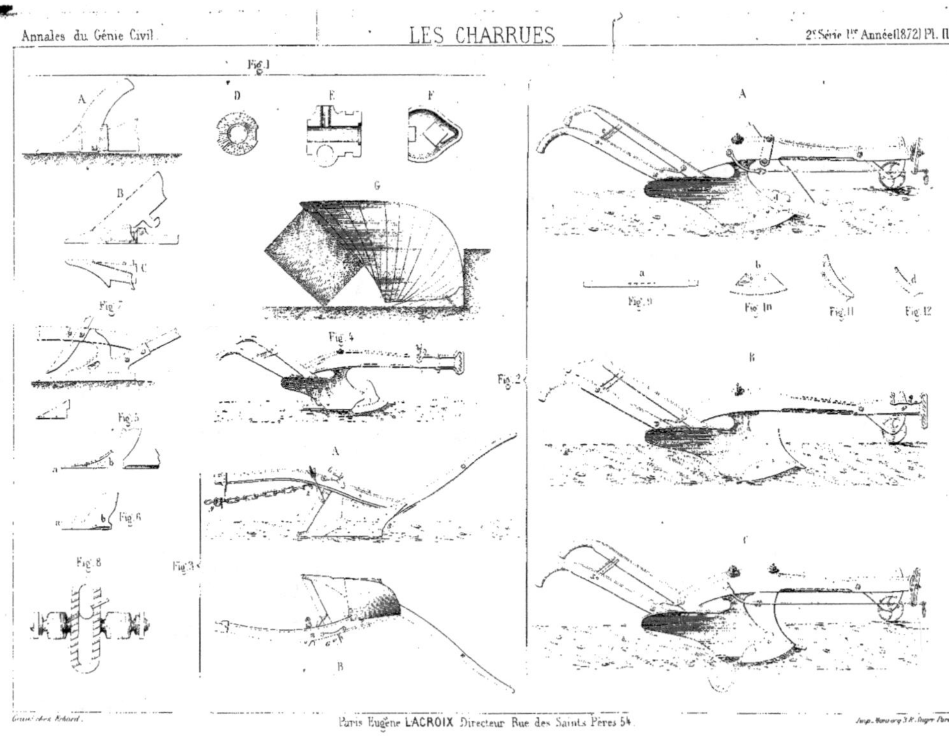

Paris Eugène LACROIX Directeur Rue des Saints Pères 54

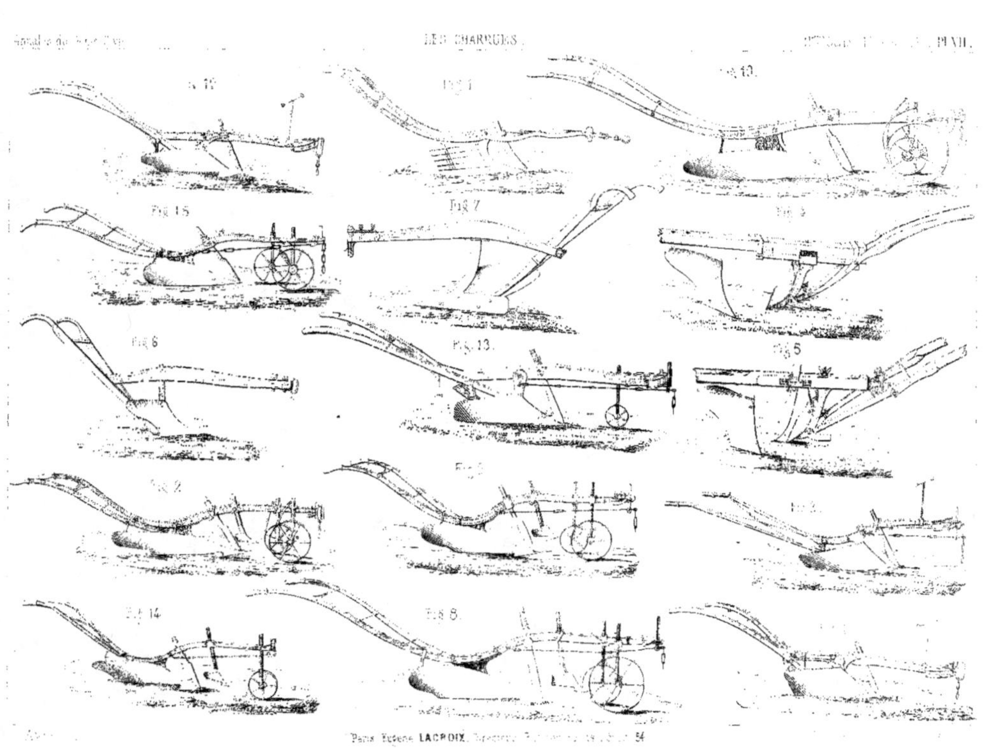

Paris Eugène LACROIX, Éditeur.